Lecture Notes in Mathematics

Edited by A. Dold and B. Eckmann

691

Gérard Viennot

Algèbres de Lie Libres et Monoïdes Libres

Bases des Algèbres de Lie Libres et Factorisations des Monoïdes Libres

Springer-Verlag
Berlin Heidelberg New York 1978

Author
Gérard Viennot
ENS – Centre de Mathématiques
45, rue d'Ulm
F-75005 Paris

Library of Congress Cataloging in Publication Data

Viennot, Gérard, 1945–
    Bases des algèbres de Lie libres et factorisations
des monoïdes libres.

    (Lecture notes in mathematics ; 691)
    Bibliography: p.
    Includes indexes.
    1. Lie algebras. 2. Monoids. I. Title.
II. Series: Lecture notes in mathematics (Berlin) ; 691.
QA3.L28 no. 691 [QA252.3] 510'.8s [512'.55] 78-23919

AMS Subject Classifications (1970): 05-00, 08 A 10, 16 A 68, 17-04, 17 B 99, 20 E 15, 20 F 35, 20 F 40, 20 M 05, 68 A 25, 94 A 10

ISBN 3-540-09090-8 Springer-Verlag Berlin Heidelberg New York
ISBN 0-387-09090-8 Springer-Verlag New York Heidelberg Berlin

Printing and binding: Beltz Offsetdruck, Hemsbach/Bergstr.
2141/3140-543210

TABLE DES MATIERES

INTRODUCTION

Le but du présent travail est de proposer une théorie unifiée du calcul des commutateurs basiques ou d'une manière équivalente, des bases et familles basiques des algèbres de Lie libres.

L'intérêt porté aux algèbres de Lie libres vient essentiellement des applications importantes dans la théorie que l'on appelle aujourd'hui "théorie combinatoire des groupes" [MKS, 66]. L'origine en est le travail de P. Hall [HaP, 33] sur l'étude de certains p-groupes. Il n'est pas question là d'algèbre de Lie, mais de calculs profonds sur les commutateurs itérés et la suite centrale descendante (F_n) du groupe libre. Les travaux fondamentaux de Magnus [Ma, 35] [Ma, 37] et Witt [Wi, 37] "linéarisent" ces calculs en introduisant une structure plus riche que celle de groupe libre : celle d'algèbre de Lie libre. C'est là que Magnus définit l'algèbre de Lie libre $L(X)$ comme sous-algèbre de l'algèbre $\mathbb{K}\langle X\rangle$ des séries formelles en variables non commutatives X sur l'anneau $\mathbb{K}$, introduite auparavant par Hausdorff. Il montre que la filtration naturelle de $\mathbb{K}\langle X\rangle$ définit une suite décroissante de sous-groupes du groupe libre $F(X)$ qui est précisément la suite centrale descendante. Witt complète ces résultats et donne la dimension des composantes homogènes de degré n de L(X) (ou "formules de Witt"). Ces travaux sont à la base de nombreux autres sur la correspondance entre groupes et algèbres de Lie. Citons seulement celui de M. Lazard [La, 54] et les applications importantes dans l'approche du célèbre problème de Burnside pour les groupes.

Un autre théorème important dans la correspondance entre groupes et algèbres de Lie est la "formule de Hausdorff", affirmant que la série z (en variables non commutatives) définie par $e^z = e^x e^y$ est une somme infinie d'alternants (ou éléments homogènes) de l'algèbre de Lie libre engendrée par x et y. Cette formule est jalonnée des noms de Poincaré, Campbell, Pascal, Baker et c'est Hausdorff qui le premier prouvera de manière précise la "formule" en se plaçant dans l'algèbre des séries en variables non commutatives, qui sera reprise plus tard par Magnus [Hau, 06]. Les coefficients de cette série ont été abondamment étudiés depuis. Un calcul ou une expression de ceux-ci dépend de la base de l'algèbre de Lie libre utilisée et met en évidence l'intérêt de trouver de "bonnes" bases. On verra par exemple les calculs sur ordinateurs de Michel jusqu'au degré 11, et dans certains cas au degré 30 [Mi, 74] [Mi, 76]. Un autre exemple d'applications pratiques est celui de la résolution d'équations différentielles, par exemple la solution exponentielle de l'équation différentielle linéaire dans une algèbre de Banach [Ma, 55] [Mi, 74] ou certaines équations de la théorie quantique des champs.

La détermination d'une base de l'algèbre de Lie libre ne semble apparaître pour la première fois que dans l'article de M. Hall [HaM, 50], et est connue sous le nom de "base de Hall". Toutefois cette base est implicitement connue dans les travaux de P. Hall et Magnus cités ci-dessus. Notamment P. Hall définit ce qu'il appelle le "collecting process", c'est-à-dire un procédé de calcul permettant d'écrire de manière unique tout mot du groupe libre comme produit de certains commutateurs, modulo le $n^{ième}$ groupe de la série centrale descendante. Les commutateurs apparaissant dans ce procédé sont totalement ordonnés et sont appelées <u>commutateurs basiques</u>. Si l'on remplace les parenthèses définissant l'itération des commutateurs par des crochets de Lie, on obtient alors la base de Hall. Diverses généralisations des bases ou commutateurs basiques de Hall ont été proposées par Meier-Wunderli [MW, 52], Schützenberger [Sc, 58], Širšov [Si, 62], Gorchakov [Go, 69], Ward [Wa, 69]. Un autre procédé pour trouver une base est liée à la notion de mots lexicographiques standards : ce sont les commutateurs basiques de Chen, Fox et Lyndon [CFL, 58] dont la base associée est définie sous une autre forme équivalente par Širšov [Si, 58]. Le premier but de notre travail est de donner une exposition commune à toutes ces différentes constructions de bases d'algèbres de Lie libres. Par souci de simplicité, nous ne parlerons qu'en termes d'algèbres de Lie et laisserons de côté la traduction en termes de "commutateurs basiques" et "collecting process" généralisé.

Cette étude se ramène à celle de certaines familles de mots du monoïde libre, jouissant d'une propriété d'unique factorisabilité, et introduites par Schützenberger [Sc, 65] sous le nom de factorisations du monoïde libre. Il est ainsi surprenant qu'une structure aussi pauvre que le monoïde libre apparaisse comme fondamentale pour l'étude des algèbres de Lie libres.

Une factorisation du monoïde libre X^* est une famille $\mathfrak{F} = (Y_j, j \in J)$ dans laquelle les Y_j sont des parties de X^* et J un ensemble totalement ordonné, et telle que tout mot f s'écrive de manière unique $f = f_1 \dots f_p$ avec $p \geq 1$, $f_i \in Y_{j_i}$ et $j_1 \geq \dots \geq j_p$. Le théorème principal de ce travail est que pour de "bonnes" factorisations on peut, par un "crochetage" des mots de Y_j, construire un ensemble $[Y_j]$ d'alternants de $L(X)$, en bijection avec Y_j et qui est une famille basique pour la sous-algèbre de Lie libre qu'il engendre. De plus l'algèbre de Lie $L(X)$ est, en tant que module, isomorphe à la somme directe $\bigoplus_j L([Y_j])$. Lorsque $\mathfrak{F}$ est une factorisation complète, c'est-à-dire lorsque chaque ensemble Y_j est réduit à un seul élément, on obtient ainsi une base de $L(X)$.

Notre démarche comprend trois étapes. La première consiste à prouver le théorème fondamental dans le cas des bissections, c'est-à-dire des factorisations pour lequelles J n'a que deux éléments. La deuxième est la définition, l'étude et les différentes caractérisations commodes d'une classe de "bonnes" factorisations. Cette classe est suffisamment vaste pour permettre de retrouver, dans le cas des factorisations complètes, toutes les bases connues des algèbres de Lie libres. La troisième étape est la caractérisation et la preuve de l'équivalence des différents "crochetages" possibles des mots d'une factorisation. Les deux dernières étapes ne font appel qu'à des manipulations de mots du monoïde libre et il n'est plus question là d'algèbre de Lie. Par souci pédagogique, nous avons d'abord fait toute la théorie dans le cas des factorisations complètes. C'est l'objet du chapitre I.

Nous rappelons au paragraphe 1 les notations usuelles ainsi que les définitions des différentes bases connues. La première étape de notre démarche se réduit ici à un cas trivial de bissections et le théorème fondamental devient alors le théorème d'élimination de Lazard [La, 60] [Bo, 72]. Nous en redonnons la preuve au paragraphe 2 . Nous sommes conduit à introduire directement la notion assez technique de factorisation de Lazard. L'avantage est de pouvoir vérifier facilement le théorème fondamental pour cette classe de factorisations. Le paragraphe 3 introduit une généralisation des "ensembles de Hall" tels qu'ils sont définis par le "collecting process" de Hall. Nous montrons que la condition ainsi introduite est une condition nécessaire et suffisante pour que le procédé donne naissance à des bases. Cette condition était déjà connue de Širšov [Si, 62] et a été retrouvée indépendemment de nous par Michel [Mi, 74] . Nous montrons enfin dans ce même paragraphe l'équivalence des ensembles de Hall introduits avec les factorisations de Lazard. Les procédés de définition des bases associées aux factorisations de Lazard étant assez compliqués, nous proposons au paragraphe 4 des critères simples et commodes pour retrouver ces factorisations de Lazard, ainsi que le "crochetage" associé des mots. En particulier nous retrouvons les bases de Chen, Fox, Lyndon [CFL, 58] et de Širšov [Si, 58] et prouvons leur équivalence. En fait la factorisation associée à cette base peut être considérée aussi comme une factorisation de Lazard dans l'autre sens. L'étude de telles factorisations, que nous appelons régulières, constitue le paragraphe 5. Ces factorisations, ainsi que les bases associées, ont des propriétés remarquables. En particulier, elles sont très commodes pour les calculs sur ordinateur. Par exemple, on verra les calculs de Michel sur la série de Hausdorff et le problème restreint de Burnside [Mi, 76].

Le reste de ce travail est la généralisation du chapitre I pour les factorisations non nécessairement complètes. Les deuxième et troisième étapes mentionnées ci-dessus se répètent à peu près comme au chapitre I. Là aussi on peut introduire les factorisations de Lazard, les ensembles de Hall et les factorisations régulières. C'est l'objet du chapitre III. Nous omettons les démonstrations qui ont leurs analogues au chapitre I. La généralisation correspond au passage entre les bissections triviales et les bissections générales. Par contre, la première étape, qui est la généralisation du théorème d'élimination de Lazard pour les bissections nécessite tout le chapitre II. Pour ceci nous sommes conduits à introduire de nouveaux objets : les bascules. Les bissections apparaissent comme les objets libres de la catégorie des bascules. A toute bascule est associée une algèbre de Lie, qui devient libre lorsque la bascule s'identifie à une bissection. Lorsque la bascule ne "bascule" pas, on retrouve le produit semi-direct d'algèbres de Lie et les bissections triviales. Le paragraphe 1 donne une construction fondamentale des bissections, particulièrement commode pour définir le "crochetage" des mots. Cette construction simplifie une construction antérieure de Schützenberger [Sc, 65]. Le paragraphe 2 expose les préliminaires nécessaires sur les bascules. Enfin le paragraphe 3 prouve le théorème fondamental pour les bissections. Notons que le théorème a aussi un analogue dans l'algèbre enveloppante, ce qui constitue une extension du théorème de Poincaré-Birkhoff-Witt dans le cas des algèbres de Lie libres.

S'il n'existe pas de bases canoniques de $L(X)$, il existe par contre des décompositions canoniques en somme directe de sous-algèbres de Lie libres. Par exemple pour $X = \{x, y\}$ et pour p/q rationnel irréductible, soit $L_{p,q}$ l'algèbre de Lie formée des sommes d'alternants de bidegré mp en x, mq en y avec

$m \geq 1$. Une application de nos méthodes est d'exhiber (au paragraphe 3 du chapitre III) une famille basique de $L_{p,q}$, qui est en bijection avec les "chemins minimaux" du plan $\mathbb{N} \times \mathbb{N}$ situés strictement (sauf aux extrémités) sous la droite de pente q/p . La décomposition de $L(X)$ selon les $L_{p,q}$ correspond en fait à celle relative à une factorisation dite de Spitzer, introduite en théorie des fluctuations de sommes de variables aléatoires [Sp, 56] [Sc, 65] . Dans le cas de deux lettres, il n'y a d'ailleurs qu'une seule factorisation de Spitzer non triviale (à un isomorphisme près). La décomposition de L selon les $L_{p,q}$ donne naissance à des alternants et Foata avait conjecturé qu'ils forment une base. Les chapitres II et III permettent donc de démontrer cette conjecture. Nous appelons cette base, la base de Spitzer-Foata et nous l'introduisons dès la fin du paragraphe 5, chapitre I.

Ainsi nous voudrions que ce travail soit une illustration de certaines idées de Schützenberger menant à penser que certains phénomènes ou identités remarquables apparaissant dans des structures algébriques ou combinatoires sont le reflet de propriétés naturelles des mots du monoïde libre, et qu'il n'est donc pas sans intérêt de développer toute une étude algébrique et combinatoire de ces mots.

D'ailleurs les factorisations introduites dans ce travail sont des objets liés à d'autres théories complètement étrangères aux algèbres de Lie. Par exemple, il est touchant d'observer que les factorisations de Lazard liées aux bases classiques de Hall se retrouvent définies à des fins statistiques dans un article de Good [Go, 71] ou encore en théorie des codes dans [Sh, 68]. Là Scholtz donne une construction de codes "comma-free" maximaux dont le cardinal est exactement la dimension de la composante homogène de degré n de l'algèbre de Lie, et redémontre ainsi après Eastman une conjecture de Golomb, Gordon et Welch. La construction de Scholtz, comme celle de Good, est celle de la factorisation de Lazard associée aux bases classiques de Hall. En théorie des fluctuations des sommes de variables aléatoires déjà citée ci-dessus, le principe d'équivalence de Sparre Andersen est une certaine propriété de réarrangement relative à une classe particulière de bissections, comme l'ont montré Foata et Schützenberger [FS, 71]. Un autre théorème de réarrangement est celui de l'égalité des distributions des "montées" et des "excédances" parmi les suites avec répétitions. Les premières bijections de réarrangement ont été mises en évidence par Foata [Fo, 65]. Chacune d'ellesest définie à partir d'une factorisation complète vérifiant une condition appelée "spéciale". Notons que les factorisations régulières du paragraphe 5, chapitre I, sont des factorisations spéciales. Dans ces bijections les mots de la factorisation jouent le même rôle que les cycles pour les suites sans répétitions, ou permutations. Cette étude sera reprise sous une forme plus élégante par Cartier et Foata [CF, 69]. Il est enfin assez curieux que les bascules et bissections du chapitre II sont des objets de la théorie des automates et langages développée en Informatique théorique. Les bascules apparaissent en effet comme une généralisation de la notion d'automate, et jouent vis-à-vis des langages linéaires le rôle que jouent les automates finis vis-à-vis des langages rationnels. Ils sont équivalents à la notion "d'automate ordonné". On peut développer une théorie de ces objets, similaire à celle des monoïdes syntactiques des codes préfixes rationnels (voir [Vi, 74]).

Les résultats de ce travail avait déjà été annoncés précédemment par trois notes aux Comptes rendus [Vi, 73] ainsi que par des exposés [Vi, 72] [Vi, 74'] [Vi, 74"]. On trouvera les preuves complètes du chapitre III dans la thèse de l'auteur [Vi, 74]. Indépendamment de nous, Michel [Mi, 74] a retrouvé plus tard l'équivalence entre les ensembles de Hall tels qu'ils sont définis au paragraphe 3, chapitre I et la condition (v') de la proposition 1.8 caractérisant les factorisations de Lazard. Il prouve alors directement par un argument de développement que ces ensembles génèrent des bases de l'algèbre de Lie.

Je remercie sincèrement Pierre Cartier de m'avoir fait l'honneur de s'être intéressé dans les détails à mon travail. C'est avec joie que je remercie ici Marcel Paul Schützenberger. Il est à l'origine de ma thèse et de ce présent travail qui s'appuie sur certains de ses travaux personnels. Il fut et est toujours pour moi plus qu'un "bon maître". Enfin la forme définitive de ce mémoire n'aurait pas vu le jour sans les encouragements, l'aide et le dévouement de Dominique Foata.

La frappe a été réalisée par Sylvie Lutzing du Centre de Calcul de l'Esplanade de Strasbourg, que je remercie également.

CHAPITRE I

BASES DES ALGÈBRES DE LIE LIBRES.

1. Notations et bases usuelles.

Le lecteur pourra se reporter à [Ja, 62] pour les notions générales d'algèbre de Lie et d'algèbre enveloppante, ainsi qu'à [Bo, 72] pour les algèbres de Lie libres et les bases de Hall.

Notations générales. Dans tout ce travail $\mathbb{K}$ désigne, sauf mention expresse du contraire, un anneau commutatif non réduit à 0 et dont l'élément unité est noté 1 . Si E est un ensemble, $|E|$ désigne son cardinal.
Soit P_n , $n \geq 1$ une suite de parties de E . Nous notons $\overline{P}_n$ la suite définie par :

$$\overline{P}_n = \bigcup_{1 \leq i \leq n} P_i .$$

Pour $P \subset E$, on note $E \setminus P = \{u \in E \ , \ u \notin P\}$.

Monoïde et magma libre. Soit X un ensemble non vide. Nous désignons par $M(X)$, X^+ , X^* respectivement le magma libre, demi-groupe libre, monoïde libre engendré par X , c'est-à-dire la structure libre engendrée par X relativement, respectivement à une loi de composition, une loi de composition associative, une loi de composition associative avec élément neutre.

Les éléments de X^* sont appelés aussi mots sur l'alphabet X . La loi de composition de X^* est la "concaténation" des mots et e désigne l'élément neutre de X^* , c'est-à-dire le mot vide n'ayant aucune lettre. En fait X^+ est $X^* \setminus \{e\}$, le monoïde libre privé du mot e .

Les éléments de $M(X)$ sont les "mots parenthésés" munis de la loi de composition :

$$u \in M(X) \ , \quad v \in M(X) \to h = (u, \ v) \in M(X) \ .$$

Nous notons $\lambda h = u$ et $\rho h = v$.

Nous désignons par δ l'application canonique $M(X) \to X^*$ de "déparenthésage" des mots, c'est-à-dire l'unique morphisme de magma dont la restriction à X est l'identité.

EXEMPLE.

$$\delta((x, \ x) \ , \ (y, \ (x, \ y))) = x^2 \ y \ x \ y \in \{x, \ y\}^* \ .$$

Pour $f \in X^*$ (resp $f \in M(X)$) , nous notons $|f|$ la longueur (ou degré) de f . C'est l'unique morphisme $f \to |f|$ de monoïde $X^* \to \mathbb{N}$ (resp. de magma $M(X) \to \mathbb{N}$) tel que $|f| = 1$ pour tout $f \in X$.

Nous notons $M_n(X)$ (resp X^n) l'ensemble des éléments de $M(X)$ (resp X^*) de longueur n .

Sous-monoïde libre et conjugaison. Si A et B sont deux parties de X^*, le produit AB est :

$$AB = \{f \in X^*,\ f = ab,\quad a \in A,\quad b \in B\}$$

Le sous-monoïde engendré par A est noté encore A^*, soit :

$$A^* = \bigcup_{i \geq 0} A^i .$$

Lorsqu'une confusion est à craindre, nous noterons $Mo(A)$ le monoïde libre engendré par A.

Tout sous-monoïde M de X^* admet un et un seul système minimal de générateurs. Le sous-monoïde M sera un sous-monoïde libre ssi il est librement engendré par son système minimal de générateurs A, c'est-à-dire si A vérifie :

$$\forall a_1, \ldots, a_p \in A,\quad \forall b_1, \ldots, b_q \in A,$$
$$a_1 a_2 \ldots a_p = b_1 b_2 \ldots b_q \Rightarrow p = q \text{ et } a_1 = b_1, \ldots, b_p = b_q$$

On dit que A est la base de M ou encore que A est un code sur X.

Soit $f = uvw$ un mot de X^*. Le mot v (resp u, resp w) est dit facteur de f (resp facteur gauche, resp facteur droit). Si ces mots sont distincts de f, ils sont dits facteurs propres.

Deux mots f et g de X^* sont dits conjugués ssi on peut écrire :

$$f = uv,\quad g = vu \text{ avec } u \in X^*,\quad v \in X^* .$$

Si u et v sont distincts de e, g est dit conjugué propre de f. La relation de conjugaison est une relation d'équivalence. Si un mot f d'une classe d'équivalence est primitif, c'est-à-dire s'il ne peut s'écrire $f = u^p$ avec $p > 1$, alors tous les autres le sont. On peut ainsi parler de classes primitives de conjugaison. Si X est un alphabet à q lettres, le nombre $\ell_q(n)$ de ces classes de longueur n est donné par la formule classique :

$$\ell_q(n) = \frac{1}{n} \sum_{d|n} \mu(d)\, q^{n/d}$$

où d parcourt les diviseurs de n, et où μ est la fonction de Moebius habituelle :

$\mu(1) = 1$

$\mu(n) = 0$ si n est divisible par un carré

$\mu(n) = (-1)^r$ si r est le nombre de facteurs premiers tous distincts dans la décomposition de n.

Algèbre associative et algèbre de Lie libre. Nous désignons par $\mathbb{K}\langle X\rangle$ l'algèbre associative libre sur l'anneau $\mathbb{K}$ engendrée par X, c'est-à-dire l'algèbre des polynômes en variables non commutatives X. Cette algèbre est un module libre de base X^*, totalement graduée par les degrés.

Rappelons qu'une algèbre de Lie $\mathcal{L}$ est une algèbre dont la loi multiplicative notée $[u, v]$ vérifie :

(i) $\forall u \in \mathcal{L}, \quad [u, u] = 0$

(ii) $\forall u, v, w \in \mathcal{L} \quad [[u, v], w] + [[v, w], u] + [[w, u], v] = 0$.

Soit $\mathfrak{A}$ une algèbre associative et $\mathfrak{A}_L$ l'algèbre dont le module sous-jacent est celui de $\mathfrak{A}$ et dont la loi multiplicative est le crochet de Lie $[u, v] = uv - vu$. Alors $\mathfrak{A}_L$ est une algèbre de Lie.

Réciproquement, pour une algèbre de Lie $\mathcal{L}$ sur $\mathbb{K}$, nous notons $\mathfrak{A}\mathcal{L}$ l'algèbre (associative) enveloppante de $\mathcal{L}$, c'est-à-dire en fait un couple $(\mathfrak{A}, i)$

avec $\mathfrak{A}$ une algèbre <u>associative</u> et i un morphisme de $\mathfrak{L}$ dans $\mathfrak{A}_L$ tel que : pour toute algèbre $\mathfrak{U}$ et morphisme $\theta : \mathfrak{L} \to \mathfrak{U}_L$, il existe un unique morphisme $\theta' : \mathfrak{A} \to \mathfrak{U}$ tel que $\theta = \theta' \circ i$. Le foncteur $\mathfrak{L} \to \mathfrak{A}\mathfrak{L}$ est un adjoint du foncteur $\mathfrak{A} \to \mathfrak{A}_L$.

Nous notons L(X) l'<u>algèbre de Lie libre</u> sur $\mathbb{K}$ engendrée par X . Les objets $\mathbb{K}\langle X\rangle$ et L(X) peuvent aussi être définis par le fait que les foncteurs $X \to \mathbb{K}\langle X\rangle$ et $X \to L(X)$ sont des adjoints des foncteurs "d'oubli" des catégories correspondantes, associant à un objet son ensemble sous-jacent. Ainsi d'après la propriété de composition des foncteurs adjoints, l'algèbre $\mathbb{K}\langle X\rangle$ est l'algèbre enveloppante de L(X) .

La méthode d'élimination de M. Lazard que nous rappellerons à la proposition 1.1 permet d'affirmer que L(X) est un $\mathbb{Z}$-module libre, et d'identifier L(X) avec la sous-algèbre de Lie engendrée par X dans l'algèbre de Lie $\mathbb{K}\langle X\rangle_L$. Les polynômes de $\mathbb{K}\langle X\rangle$ qui appartiennent à L(X) sont appelés aussi <u>éléments de Lie</u>.

Notons $\psi : M(X) \to L(X)$ l'application canonique, unique morphisme de magma (pour le crochet de Lie) coïncidant avec l'identité sur X . L'image d'un élément de longueur n de M(X) est appelé alternant de degré n de L(X) . Ceux-ci engendrent le $\mathbb{K}$-module libre $L_n(X)$ et $\{L_n(X), n \geq 1\}$ est une graduation totale de L(X). Si X est fini de cardinal q , les classiques formules de Witt donnent la dimension de $L_n(X)$, soit :

$$\ell_q(n) = \frac{1}{n} \sum_{d|n} \mu(d)\, q^{n/d} .$$

Si $\mathfrak{L}$ est unc sous-algèbre de Lie libre de L(X), une partie Y de $\mathfrak{L}$ est appelée <u>famille basique</u> de $\mathfrak{L}$ lorsque Y engendre librement $\mathfrak{L}$ (en tant qu'algèbre de Lie). Rappelons que lorsque $\mathbb{K}$ est un corps, toute sous-algèbre de Lie de L(X) est libre, d'après un théorème de Širšov-Witt.

Par contre ceci n'est pas vrai pour les algèbres associatives (voir

[Co, 71, § 6.7]) . Ici aussi nous parlerons de famille basique d'une sous-algèbre associative libre de $\mathbb{K}\langle X\rangle$.

Enfin, rappelons que pour une algèbre de Lie $\mathcal{L}$, l'application $y \to [x, y] \in \mathcal{L}$ est une dérivation de $\mathcal{L}$ notée ad. x .

Bases de Hall de L(X). Les bases de Hall constitutent les bases les plus connues de L(X) et ont été en fait définies par P. Hall [HaP, 33] en termes de commutateurs basiques du groupe libre apparaissant dans le "collecting process". Ces bases sont définies de la façon suivante (voir [Ma, 37], [HaM, 50], [HaM, 59], [La, 60], [MKS, 66], [Bo, 72]) :

Soit H une partie du magma libre M(X) , totalement ordonnée par la relation $\leq$, et vérifiant les trois conditions :

- (Ha_1) $X \subset H$
- (Ha_2) $\forall h = (u, v) \in M(X)\setminus X$, $h \in H$ ssi on a les 3 conditions suivantes :
  - $u \in H$, $v \in H$
  - $u < v$
  - $v \in X$ ou bien $v = (v', v'')$ avec $v' \leq u$
- (Ha'_3) $\forall u \in H$, $\forall v \in H$, $|u| < |v| \Rightarrow u < v$
- Alors la famille $\{\psi h , h \in H\}$ est une base de L(X) , appelée base de Hall.

EXEMPLE 1.1 . On peut construire les ensembles H vérifiant les conditions (Ha_1) (Ha_2) et (Ha'_3) (appelés aussi ensembles de Hall dans [Bo, 72]), par récurrence sur les degrés. Une construction possible pour les degrés ≤ 4 avec un alphabet $X = \{x, y, z\}$ de 3 lettres est la suivante (les éléments de chaque ensemble $H_i = H \cap M_i(X)$ sont ordonnés dans l'ordre de leur écriture de gauche à droite):

H_1	x	y	z
H_2	(x, y)	(x, z)	(y, z)

H_3	(x, (x, y))	(x, (x, z))	(y, (x, y))	(y, (x, z))	(y, (y, z))
	(z, (x, y))	(z, (x, z))	(z, (y, z))		
H_4	(x, (x, (x, y)))	(x, (x, (x, z)))	(y, (x, (x, y)))	(y, (x, (x, z)))	
	(y, (y, (x, y)))	(y, (y, (x, z)))	(y, (y, (y, z)))	(z, (x, (x, y)))	
	(z, (x, (x, z)))	(z, (y, (x, y)))	(z, (y, (x, z)))	(z, (y, (y, z)))	
	(z, (z, (x, y)))	(z, (z, (x, z)))	(z, (z, (y, z)))	((x, y) , (x, z))	
	((x, y), (y, z))	((x, z) , (y, z))			

REMARQUE 1.1 . Meier-Wunderli [MW, 52] a donné une généralisation des bases de Hall en montrant que ψH est toujours une base de L(X) lorsque l'on remplace la condition (Ha'_3) par :

- (Ha''_3) $\forall u \in H$, $\forall v \in H$, $(u, v) \in H \Rightarrow u < (u, v)$ et $v < (u, v)$.

La preuve est écrite en fait en termes de commutateurs basiques . On verra aussi pour d'autres interprétations des bases de Hall [Sc, 58], [Si, 62], [Sc, 71] .

Base de Chen-Fox-Lyndon. Cette base a été introduite par Chen, Fox et Lyndon [CFL, 58] ; on verra aussi [Ly, 54], [Si, 62], [Fo, 65] .

Supposons X totalement ordonné et soit $\leq$ l'ordre lexicographique correspondant sur X^+ . Soit F l'ensemble (contenant l'alphabet X) des mots de X^+ strictement inférieurs à tous leurs conjugués propres :

$$F = \{f \in X^+ ,\ \forall u \in X^+ ,\ \forall v \in X^+ ,\ f = uv \Rightarrow f < vu\} .$$

Les mots de F sont appelés aussi mots lexicographiques standards.

Pour $f \in F$, l'ensemble (non vide) des mots $u \in F$ tels que $f = uv$ pour un certain $v \in X^+$, admet un élément de longueur maximum f' , soit $f = f'f''$.

Alors un lemme (voir [CFL, 58] ou la suite de ce chapitre) prouve que $f'' \in F$. On peut donc définir une application $\Pi : F \to M(X)$ par récurrence sur les degrés :

$\forall x \in X$, $\Pi x = x$ et pour tout $f = f'f'' \in F$ comme ci-dessus,

$$\Pi f = (\Pi f', \Pi f'') .$$

Alors la famille $\{\Psi \circ \Pi (f) , f \in F\}$ est une base de $L(X)$ appelée <u>base de Chen-Fox-Lyndon</u> (relativement à l'ordre de X) .

EXEMPLE 1.2 . Soit $X = \{x, y\}$ de cardinal 2 , ordonné par $x < y$. Les mots de F de longueur ≤ 5 sont les suivants :

$F \cap X$	x	y				
$F \cap X^2$	xy					
$F \cap X^3$	x^2y	xy^2				
$F \cap X^4$	x^3y	x^2y^2	xy^3			
$F \cap X^5$	x^4y	x^3y^2	x^2yxy	x^2y^3	$xyxy^2$	xy^4

Les éléments de degré ≤ 5 de la base de Chen-Fox-Lyndon correspondante sont alors :

x	y	
$[x, y]$		
$[x, [x, y]]$	$[[x, y], y]$	
$[x, [x, [x, y]]]$	$[[x, [x, y]], y]$	$[[[x, y], y], y]$
$[x, [x, [x, [x, y]]]]$	$[[x, [x, [x, y]]], y]$	$[[x, [x, y]], [x, y]]$
$[[[x, [x, y]], y], y]$	$[[x, y], [[x, y], y]]$	$[[[[x, y], y], y], y]$

<u>Base de Širšov</u>. Cette base a été introduite par Širšov en [Si, 58] et est en fait identique, à des symétries près sur les ordres, à celle de Chen-Fox-Lyndon, comme nous le verrons dans la suite de ce chapitre. Nous redonnons ici la formulation originale de Širšov.

Soit X totalement ordonné et $\leq$ la relation d'ordre total sur X^+ définie par les deux conditions :

(1.1) $\forall u, v, w \in X^*$ et $\forall x, y \in X$ tels que $x < y$, on a
$uxv < uyw$ et $u > uv$.

On note F' l'ensemble des mots de X^+ strictement plus grands que chacun de leurs conjugués propres (c'est-à-dire en fait l'ensemble des mots lexicographiques standards pour l'ordre opposé sur X).

Un lemme de Širšov permet de dire : tout mot $f \in X^+$ se factorise de manière unique $f = f_1 \dots f_p$ avec $f_i \in F'$ et $f_1 \leq f_2 \leq \dots \leq f_p$.
Nous définissons une application $\Pi' : F' \to M(X)$ par récurrence sur les degrés :

- $\forall x \in X$, $\Pi' x = x$
- $\forall f \in F' \setminus X$, f s'écrit de manière unique
  $f = g_1 \dots g_q x$ avec $x \in X$, $g_i \in F'$, $g_1 \leq \dots \leq g_q$
  alors $\Pi' f = (\Pi' g_1, (\Pi' g_2, \dots, (\Pi' g_q, x)) \dots)$

La famille $\{\psi \circ \Pi'(f), f \in F'\}$ est une base de $L(X)$.

Nous verrons que cette base est identique à celle de Chen-Fox-Lyndon (associée à l'ordre opposé de X) en prouvant que $\Pi' = \Pi$.

2. Factorisations de Lazard.

Par souci de simplicité, nous supposerons dans tout ce chapitre que l'alphabet X est fini. Le lecteur généralisera sans peine les définitions et propositions pour X quelconque. Ce paragraphe constitue un préliminaire fondamental pour ce chapitre. Nous répétons ici la preuve du théorème d'élimination de Lazard (voir [La, 60] [Bo, 72]), puis introduisons la notion assez technique de factorisations de Lazard qui reviendra dans toute la suite.

PROPOSITION 1.1 . Soit X de cardinal ≥ 2 et $x \in X$.

(i) Le module $L(X)$ est somme directe du module $\mathbb{K}.x$ et de l'idéal J de $L(X)$ engendré par $Y = X \setminus \{x\}$.

(ii) L'ensemble des éléments (tous distincts) de la forme :

$$\{(\mathrm{ad}^n x)(y) \ , \quad n \geq 0 \ , \quad y \in Y\}$$

est une famille basique de la sous-algèbre de Lie libre J .

Soient $L_1 = \mathbb{K}.x$ l'algèbre de Lie libre engendrée par le générateur x et soit L_2 l'algèbre de Lie libre engendrée par $T = \{(n, y)$ avec $n \geq 0, y \in Y\}$. Il existe une et une seule dérivation D de L_2 telle que $D(n, y) = (n+1, y)$. On peut donc définir le produit semi-direct L de L_1 et L_2 selon le morphisme de L_1 dans l'algèbre de Lie des dérivations de L_2 défini par $x \to D$. L'algèbre de Lie L est l'unique algèbre de Lie dont le module est la somme directe $L_1 \oplus L_2$ et dont le produit de Lie coïncide avec ceux de L_1 et L_2 et vérifie :

$$\forall (n, y) \in Y \ , \quad [x, (n, y)] = (n+1, y) \ .$$

Il existe un unique morphisme $\psi : L(X) \to L$ défini par :

$$\psi(x) = x \quad \text{et} \quad \forall\, y \in Y\,, \quad \psi(y) = (0,\ y)\ .$$

De même, il existe un morphisme unique $\varphi_1 : L_1 \to L(X)$ et un morphisme $\varphi_2 : L_2 \to L(X)$ tels que :

$$\varphi_1(x) = x \quad \text{et} \quad \forall\, y \in Y\,, \quad \varphi_2(n,\ y) = \mathrm{ad}^n\, x.y\ .$$

L'ensemble des $u \in L_2$ tels que $\varphi_2 \circ D(u) = [x,\ \varphi_2(u)]$ est une sous-algèbre de L_2 contenant les générateurs T et donc est égal à L_2. Pour tout $u = \lambda x \in L_1$ et tout $v \in L_2$, on a donc

$$\varphi_2[u,\ v] = \lambda\varphi_2 \circ D(v) = [\varphi_1 u,\ \varphi_2 v]\ .$$

Ainsi φ_1 et φ_2 se prolongent en un morphisme $\varphi : L \to L(X)$ tel que $\varphi(x) = x$ et $\varphi(0,\ y) = y$ pour tout $y \in Y$. Les deux morphismes $\varphi \circ \psi$ et $\psi \circ \varphi$ sont l'identité sur les générateurs des algèbres où ils opèrent, et donc φ et ψ forment un couple d'isomorphismes réciproques.

C. Q. F. D.

En répétant des éliminations successives de la proposition 1.1, nous introduisons une suite de mots $\{u_1, \ldots, u_{k+1}\}$ vérifiant les conditions

(1.2)

$$u_1 \in Y_0 = X$$
$$u_2 \in Y_1 = u_1^*(X \setminus u_1) = \{u_1^i v\,,\ \ i \geq 0 \ \text{ et } \ v \in X \setminus u_1\}$$
$$\cdots\cdots\cdots\cdots\cdots\cdots$$
$$u_{k+1} \in Y_k = u_k^*(Y_{k-1} \setminus u_k) = \{u_k^i v\,,\ \ i \geq 0 \ \text{ et } \ v \in Y_{k-1} \setminus u_k\}$$

Le lecteur vérifiera que ces mots sont tous distincts. Nous définissons alors une application de parenthésage :

$$\Pi : \{u_1, \dots, u_k\} \cup Y_k \to M(X) \quad \text{par les récurrences :}$$

(1.3)
- $\Pi(u_1) = u_1$
- pour $u = u_1^i y \in Y_1$, $\Pi(u) = (u_1, (u_1, \dots, (u_1, y)\dots)$
- pour $u = u_k^i y \in Y_k$, $\Pi(u) = (\Pi u_k, (\Pi u_k, \dots (\Pi u_k, \Pi y)\dots)$

En appliquant k fois la proposition 1.1 , on a alors :

LEMME 1.1 . L'ensemble $\psi \circ \Pi(Y_k)$ est une famille basique de la sous-algèbre de Lie L_k qu'il engendre. L'algèbre de Lie libre $L(X)$ est isomorphe, en tant que module, à la somme directe

$$\mathbb{K}.(\psi \circ \Pi(u_1)) \oplus \dots \oplus \mathbb{K}.(\psi \circ \Pi(u_k)) \oplus L_k \ .$$

En fait, les bases intervenant dans ce chapitre sont définies à partir des conditions (1.2) et (1.3) avec les notions suivantes :

DÉFINITION 1.1 . Une factorisation de Lazard est un ensemble totalement ordonné F de mots de X^+ tel que, pour tout entier $n \geq 1$, on ait les deux conditions (La'_n) et (La''_n) suivantes :

L'ensemble fini $F \cap \overline{X^n} = \{u_1, \dots, u_{k+1}\}$ des mots de F de longueur $\leq n$, ordonné par l'ordre induit $u_1 < u_2 < \dots < u_{k+1}$, vérifie les conditions :

(La'_n) la suite $\{u_1, \dots, u_{k+1}\}$ satisfait aux conditions (1.2)

(La''_n) $\overline{X^n} \cap Y_k = \{u_{k+1}\}$ (avec Y_k définie par (1.2)) .

EXEMPLE 1.3 . Soit X (toujours fini) et définissons par récurrence une suite de mots $\{u_i,\ i \geq 1\}$ par les deux conditions :

(1.4) $u_1 \in X \ , \quad Y_1 = u_1^*(X \backslash u_1)$

(1.5) $\forall\, i \geq 1 \ , \ u_{i+1}$ est un élément de degré minimum de
$Y_i = u_i^*(Y_{i-1} \backslash u_i)$.

Alors $F = \{u_1, u_2, \ldots , u_i, \ldots\}$ est évidemment une factorisation de Lazard.

EXEMPLE 1.4 . L'ensemble F des mots lexicographiques standards, (voir § 1 , base de Chen-Fox-Lyndon), ordonné par l'ordre lexicographique est une factorisation de Lazard, comme nous le verrons au § 4 . Vérifions ici les conditions (La_4') et (La_4'') .

$$F \cap \overline{X^4} = \{x, x^3y, x^2y, x^2y^2, xy, xy^2, xy^3, y\}$$

(les élements étant rangés dans l'ordre croissant).

Il vient :

	$Y_0 = \{x, y\}$
$u_1 = x$	$Y_1 = \{y, xy, x^2y, x^3y, \ldots\}$
$u_2 = x^3y$	$Y_2 = \{y, xy, x^2y, \ldots \ldots\}$
$u_3 = x^2y$	$Y_3 = \{y, xy, x^2y^2, \ldots \ldots\}$
$u_4 = x^2y^2$	$Y_4 = \{y, xy, \ldots \ldots \ldots\}$
$u_5 = xy$	$Y_5 = \{y, xy^2, \ldots \ldots \ldots\}$
$u_6 = xy^2$	$Y_6 = \{y, xy^3, \ldots \ldots \ldots\}$
$u_7 = xy^3$	$Y_7 = \{y, \ldots \ldots \ldots \ldots\}$.
$u_8 = y$	

Pour chaque Y_i , on a négligé les mots de longueur ≥ 5 apparaissant au cours des différentes éliminations. Le lecteur vérifiera que les ensembles Y_i définis par la condition (La_5') peuvent être complètement changés. Au contraire, dans l'exemple 1.3 , ils restent invariants. Nous verrons en fait que ce dernier exemple, donne naissance, avec le parenthésage de (1.3) aux bases de Hall du § 1 .

Soient F une factorisation de Lazard et $n \geq 1$. Posons $F \cap \overline{X^n} = \{u_1, \dots, u_{k+1}\}$. La condition (La'_n) permet de définir une application

$$\Pi_n : \{u_1, \dots, u_{k+1}\} \to M(X) \quad \text{par } (1.3) .$$

LEMME 1. 2. <u>La restriction de</u> Π_{n+1} <u>à</u> $F \cap \overline{X^n}$ <u>est</u> Π_n.

Notons

$$F \cap \overline{X^{n+1}} = \{u_1, \dots, u_{\ell+1}\}$$
$$F \cap \overline{X^n} = \{u_{i_1}, \dots, u_{i_{k+1}}\} \quad \text{avec } \{i_1, \dots, i_{k+1}\} \subset \{1, \dots, \ell\} .$$

Notons $(Y_0, \dots, Y_k)$ les parties vérifiant (La'_n) et $(Z_0, \dots, Z_\ell)$ celles vérifiant (La'_{n+1}). Le lecteur démontrera facilement que pour tout j, $1 \leq j \leq k$, on a $Y_j \subset Z_{i_j}$, puis par récurrence sur j que $\Pi_{n+1} u_{i_j} = \Pi_n u_{i_j}$ pour $1 \leq j \leq k+1$.

C. Q. F. D.

Le lemme 1.2 permet donc de définir une application $\Pi : F \to M(X)$ par :

DÉFINITION 1.2. Soit F une factorisation de Lazard. Le <u>parenthésage de</u> Π est l'unique application $\Pi : F \to M(X)$ coïncidant avec Π_n sur $F \cap \overline{X^n}$ pour tout n.

EXEMPLE 1. 5. Soit $X = \{x, y, z\}$.

Notons
$u_1 = x \qquad Y_1 = x^*\{y, z\}$
$u_2 = y \qquad Y_2 = y^*(Y_1 \backslash y)$
$u_3 = z \qquad Y_3 = z^*(Y_2 \backslash z)$
$u_4 = xy \qquad Y_4 = (xy)^*(Y_3 \backslash xy)$

Les mots $\{x, y, z, xy\} \cup Y_4$ sont inclus dans une factorisation F de Lazard. On vérifie aisément que $\Pi(F \cap X^i)$, pour $i = 1, \dots, 4$, sont les ensembles $H_1, \dots, H_4$ de l'exemple des bases de Hall.

EXEMPLE 1.6 . Reprenons les mots lexicographiques standards F de l'exemple 1.4 . On trouve aisément le parenthésage Π des mots $u_1, \ldots, u_8$ de

$$F \cap \overline{X^4} = \{x,\ x^3y,\ x^2y,\ x^2y^2,\ xy,\ xy^2,\ xy^3,\ y\}$$

$$\Pi x = x$$

$$\Pi x^3y = (x,\ (x,\ (x,\ y)))$$

$$\Pi x^2y = (x,\ (x,\ y))$$

$$\Pi x^2y^2 = ((x,\ (x,\ y)),\ y)$$

$$\Pi xy = (x,\ y)$$

$$\Pi xy^2 = ((x,\ y),\ y)$$

$$\Pi xy^3 = (((x,\ y),\ y),\ y)$$

$$\Pi y = y\ .$$

Le lecteur vérifiera que l'application Π définie au § 1 pour la base de Chen-Fox-Lyndon coïncide avec celle de cet exemple sur $F \cap \overline{X^4}$. On verra l'explication générale dans ce chapitre.

Le théorème suivant, qui résulte immédiatement des définitions et du lemme 1.1 constitue un préliminaire fondamental à ce chapitre et justifie l'introduction de la notion de factorisation de Lazard et du parenthésage associé.

THÉORÈME 1.1 . <u>Soit</u> F <u>une factorisation de Lazard de</u> X^* <u>et</u> Π <u>son parenthésage associé. La famille</u> $\{\psi \circ \Pi(u),\ u \in F\}$ <u>est une base de l'algèbre de Lie libre</u> $L(X)$.

Nous verrons que les bases "usuelles" du § 1 sont construites à partir de factorisations de Lazard.

3. Ensembles de Hall.

Soit H une partie totalement ordonnée du magma libre M(X) vérifiant les conditions (Ha_1) et (Ha_2) des bases de Hall (voir § 1). Divers auteurs ont donné des conditions suffisantes pour que $\psi(H)$ soit une base de l'algèbre de Lie libre L(X) ([HaM, 50], [MW, 52], [Si, 62], [Sc, 58] [Sc, 71]). Nous en donnons ici une condition nécessaire et suffisante (la condition (Ha_3) ci-dessous). Cette condition était connue de Širšov [Si, 62] et J. Michel [Mi, 74] a démontré indépendamment de nous que cette condition était suffisante pour engendrer des bases. Nous montrerons dans ce chapitre que les bases ainsi définies contiennent en particulier toutes les bases classiques définies au § 1.

THÉORÈME 1.2. Soit H une partie totalement ordonnée du magma libre M(X) vérifiant les deux conditions :

(Ha_1) $\quad X \subseteq H$

(Ha_2) $\quad \forall h = (u, v) \in M(X) \setminus X$, $h \in H$ ssi on a les trois conditions

- $u \in H$, $v \in H$
- $u < v$
- $v \in X$ ou $v = (v', v'')$ avec $v' \leq u$.

Alors la famille $\{\psi(h), h \in H\}$ est une base de l'algèbre de Lie libre L(X) ssi on a :

(Ha_3) $\quad \forall u \in H$, $\forall v \in H$, $(u, v) \in H \Rightarrow u < (u, v)$.

Démonstration de la condition suffisante. Il est clair que la condition suffisante du théorème n'est qu'une conséquence du théorème 1.1 et de la proposition suivante :

PROPOSITION 1.2. Soit H une partie totalement ordonnée de M(X) vérifiant les conditions (Ha_1), (Ha_2) et (Ha_3). La restriction à H de l'application canonique

$\delta : M(X) \to X^*$ <u>est injective, et</u> $F = \delta H$ <u>ordonné par l'ordre correspondant de</u> H, <u>est une factorisation de Lazard. De plus, son parenthésage associé</u> $\Pi : F \to M(X)$ <u>est la bijection réciproque de la restriction de</u> δ <u>à</u> H.

Soient H une partie totalement ordonnée de $M(X)$ vérifiant (Ha_1), (Ha_2) et (Ha_3), $F = \delta H$ et $n \in \mathbb{N}$. Soit $\{h_1, \ldots, h_{k+1}\}$ l'ensemble des éléments de H de degré $\leq n$ ordonné par l'ordre induit de H :

$$h_1 < h_2 < \ldots < h_{k+1} .$$

D'après (Ha_2) et (Ha_3), on a $h_1 \in X$. Notons : $u_1 = h_1$ et $Y_1 = u_1^* (X \setminus u_1)$. Soit $\Pi_1 : \{u_1\} \cup Y_1 \to M(X)$ défini par récurrence :

$$\forall x \in X \ , \ \Pi_1 x = x$$
$$\text{pour } u = u_1^i y \text{ avec } y \in X\setminus u_1 \ , \ i \geq 1 \ , \ \Pi_1 u = (u_1, \Pi_1 u_1^{i-1} y) .$$

Une récurrence sur les degrés prouve alors, avec (Ha_1), (Ha_2) et (Ha_3), les deux conditions :

(R_1') $\quad \Pi_1(Y_1) \subseteq H$

(R_1'') $\quad \forall h = (h_1, h'') \in M(X) \ , \ h \in H \Rightarrow (\delta h \in Y_1 \text{ et } h = \Pi_1(\delta h))$.

Soit p entier, $1 \leq p < k$, et supposons vérifiées les trois conditions suivantes :

(R_p) $\quad u_1 = \delta h_1, \ldots, u_p = \delta h_p$ sont tous des éléments distincts tels que l'on puisse écrire :

$$u_2 \in Y_1 \ , \ u_3 \in Y_2 = u_2^*(Y_1 \setminus u_1), \ldots, \ u_p \in Y_{p-1} = u_{p-1}^*(Y_{p-2} \setminus u_{p-1}) .$$

Notons $Y_p = u_p^*(Y_{p-1} \backslash u_p)$. Comme pour la définition 2 du parenthésage associé à une factorisation de Lazard, on peut alors définir par récurrence une application $\Pi_p : \{u_1\} \cup \dots \cup \{u_p\} \cup Y_p \to M(X)$, qui coïncide avec Π_{p-1} sur

$$\{u_1\} \cup \dots \cup \{u_{p-1}\} \cup Y_{p-1}$$

et telle que, pour $u = u_p^i y$ avec $y \in Y_{p-1} \backslash u_p$, $i \geq 1$

$$\Pi_p u = (\Pi_p u_p, \Pi_p u_p^{i-1} y) .$$

Les deux autres conditions (R'_p) et (R''_p) sont alors :

(R'_p) $\qquad \Pi_p(u_1) = h_1, \dots , \Pi_p(u_p) = h_p$, $\Pi_p(Y_p) \subseteq H$

(R''_p) $\qquad \forall i \in [1, p]$, $\forall h = (h_i, h'') \in M(X)$, $h \in H \Rightarrow$
$\delta h \in \{u_{i+1}\} \cup \dots \cup \{u_p\} \cup Y_p$ et $h = \Pi_p(\delta h)$.

Si $h_{p+1} \in X$, alors (R_p) prouve que $h_{p+1} \in Y_p$. Sinon on peut écrire :

$$h_{p+1} = (h', h'') \text{ avec } h' \text{ et } h'' \in H .$$

D'après (Ha_3) , $h' = h_i$ avec $i \in [1, p]$. Alors (R'_p) et (R''_p) impliquent :

$$\delta h_{p+1} = u_{p+1} \in Y_p \quad \text{et} \quad h_{p+1} = \Pi_p(u_{p+1}) .$$

Soient $Y_{p+1} = u_{p+1}^*(Y_p \backslash u_{p+1})$ et

$$\Pi_{p+1} : \{u_1\} \cup \dots \cup \{u_{p+1}\} \cup Y_{p+1} \to M(X)$$

défini de la même façon que Π_p .

On a bien $\Pi_{p+1}(u_{p+1}) = h_{p+1}$. Les conditions (R_p) et (Ha_2) prouvent, grâce à une récurrence sur les longueurs, que

$$\Pi_{p+1}(Y_{p+1}) \subseteq H .$$

On a donc (R'_{p+1}) .
D'autre part, soient $i \in [1, p+1]$ et $h = (h_i, h'') \in H$. Si $i \leq p$, alors d'après (R''_p) , h vérifie (R'_{p+1}) . Si $i = p+1$, une récurrence sur $|h''|$ prouve, avec les conditions (IIa_1) , (IIa_2) , (Ha_3) , (R'_p) et (R''_p) , que $\delta h \in \{u_{p+1}\} \cup Y_{p+1}$ et $h = \Pi_{p+1}(\delta h)$. Ainsi les trois conditions (R_{p+1}) , (R'_{p+1}) et (R''_{p+1}) sont vérifiées. Une récurrence sur p finit la preuve.

C. Q. F. D.

Démonstration de la condition nécessaire du théorème 1.2 .

LEMME 1.3 . Soit $H \subseteq M(X)$ vérifiant (Ha_1) et (Ha_2) . Alors tout $f \in X^+$ peut s'écrire sous la forme :

(1.6) $$f = f_1 \ldots f_p , \quad p \geq 1 , \quad f_i = \delta h_i , \quad h_i \in H , \quad h_1 \geq \ldots \geq h_p .$$

De plus, pour tout $g \in X^*$, fg peut s'écrire :

(1.7) $$fg = f'_1 \ldots f'_q , \quad q \geq 1 , \quad f'_i = \delta h'_i , \quad h'_i \in H , \quad h'_1 \geq \ldots \geq h'_q$$
$$\text{et } |f_1| \leq |f'_1| .$$

Soient $f \in X^+$ ayant une écriture de la forme (1.6) et $x \in X$.

Si $x \leq h_p$, alors la relation (1.7) est vérifiée pour $g = x$, sinon il vient d'après (Ha_1) et (Ha_2) :

$$(h_p, x) = k_p \in H .$$

Si $k_p \leq h_{p-1}$, la relation (1.7) est encore vérifiée pour $g = x$, sinon il vient d'après (Ha_1) et (Ha_2) :

$$(h_{p-1}, k_p) = k_{p-1} \in H .$$

De proche en proche, on construit ainsi une suite d'éléments de H :

$$k_p, k_{p-1}, \ldots , k_i = (h_i, k_{i+1}) , \ldots .$$

jusqu'à un indice m, $1 \leq m \leq p$ tel que

$$m = 1 \text{ ou bien } m \geq 2 \text{ et } k_m \leq h_{m-1} .$$

Ce raisonnement est schématisé dans la figure 1.1 : les segments horizontaux représentent des mots de δH, l'axe des ordonnés représente H totalement ordonné.

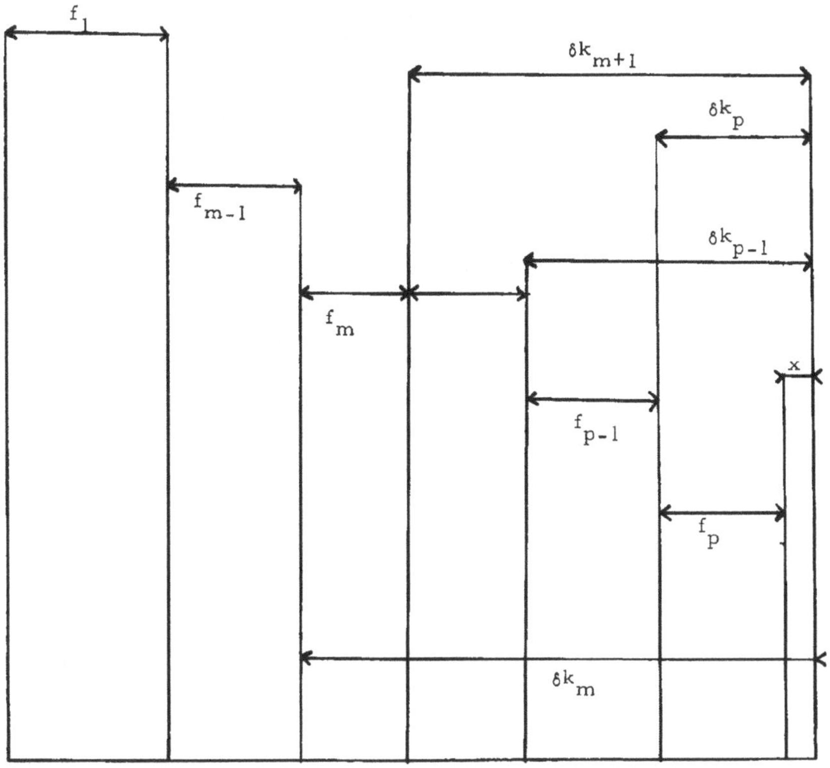

Figure 1.1 .

On a ainsi prouvé la relation (1.7) avec $g = x$. La relation (1.6) est alors prouvée pour tout $f \in X^+$ par récurrence sur $|f|$. Une récurrence sur la longueur de g termine la démonstration du lemme.

Le lemme suivant est indépendant de tout le reste.

LEMME 1.4 . Soient E un ensemble, $\theta : E \to \mathbb{N}$ et $q \in \mathbb{N}$. Alors les deux conditions suivantes sont équivalentes :

(i) $\forall\, n \geq 1\,,\quad |E \cap \theta^{-1}(n)| = \ell_q(n) = \frac{1}{n} \sum_{d|n} \mu(d)\, q^{n/d}$

(ii) $\forall\, n \geq 1\,,\quad q^n$ <u>est le nombre d'écritures possibles de</u> n <u>sous la forme</u> :

$$n = \sum_{u \in E} \alpha_u\, \theta(u) \quad \underline{\text{avec}} \quad \alpha_u \geq 0 \ .$$

En fait écrire (ii) n'est pas autre chose qu'écrire l'égalité des séries formelles :

(1.8) $$\prod_{u \in E} (1 - x^{\theta(u)})^{-1} = (1-qx)^{-1} \ .$$

Par passage au logarithme, (1.8) est équivalent à :

(1.9) $$\forall\, n \geq 1\,,\quad q^n = \sum_{d|n} d.\, |E \cap \theta^{-1}(d)| \ .$$

Par la formule d'inversion de Moebius, (1.9) est alors équivalent à (i), d'où le lemme.

LEMME 1.5. <u>Soit</u> $H \subseteq M(X)$ <u>vérifiant</u> (Ha_1) <u>et</u> (Ha_2) <u>et tel que</u> $\{\psi(H),\ h \in H\}$ <u>soit une base de</u> $L(X)$. <u>On a alors la propriété d'unique factorisabilité</u> : (UF) <u>Pour tout</u> $f \in X^+$, <u>il existe un unique p-uple</u> $(h_1, \ldots, h_p)$ <u>tel que</u> (1.6) :

$$f = f_1 \ldots f_p\,,\quad f_i = \delta h_i\,,\quad h_i \in H\,,\quad h_1 \geq \ldots \geq h_p \ .$$

Notons $F = \delta H$ et $q = |X|$. Soit $n \geq 1$ et supposons que tout élément f de $\overline{X^n}$ admette une écriture unique sous la forme (1.6).

En particulier, la restriction de δ à $H \cap \overline{M_n}(X)$ est bijective, et d'après les formules de Witt (voir § 1), on peut écrire les deux relations :

(1.10) $\forall i, \quad 1 \le i \le n \quad |F \cap X^i| = |H \cap M_i(X)| = \ell_q(i)$

(1.11) $|F \cap X^{n+1}| \le \ell_q(n+1)$.

Nous ordonnons $F \cap \overline{X^n}$ par l'ordre correspondant de $H \cap \overline{M_n}(X)$. Soit K_{n+1} la réunion des ensembles de p-uples $\varphi = (f_1, \ldots, f_p)$ avec $2 \le p \le n+1$ et tels que :

$$f_i \in F \cap \overline{X^n} , \quad |f_1| + \ldots + |f_p| = n+1 , \quad f_1 \ge \ldots \ge f_p .$$

Le cardinal de K_{n+1} est le nombre d'écritures possibles de n+1 sous la forme :

$$n+1 = \sum_{f \in F \cap \overline{X^n}} \alpha_f |f| \quad , \quad \alpha_f \ge 0$$

c'est-à-dire d'après le lemme 1.4 et (1.10) :

(1.12) $|K_{n+1}| = q^{n+1} - \ell_q(n+1)$.

Soient $K'_{n+1} = K_{n+1} \cup (F \cap X^{n+1})$ et $\theta : K'_{n+1} \to X^{n+1}$ définie par $\theta(f_1, \ldots, f_p) = f_1 \ldots f_p$ (en considérant un élément de $F \cap X^{n+1}$ comme un 1-uplet) . D'après le lemme 1.3 , θ est surjective et donc :

(1.13) $|K'_{n+1}| \ge q^{n+1}$.

En combinant (1.11) , (1.12) et (1.13) , on déduit :

$$|F \cap X^{n+1}| = \ell_q(n+1)$$

et

$$|K'_{n+1}| = q^{n+1} .$$

Ainsi la propriété d'unique factorisabilité du lemme est vérifiée pour tout mot de X^{n+1} et par récurrence, on prouve ainsi le lemme.

LEMME 1.6. Soit $H \subseteq M(X)$ vérifiant (Ha_1), (Ha_2) et la propriété d'unique factorisabilité du lemme 1.5. Alors H vérifie (Ha_3).

Soient u et v deux éléments de H tels que $h = (u, v) \in H$. Supposons $h < u$.

Notons p l'unique entier ≥ 1 tel que $\lambda^p(h) \in X$. (Rappelons que λ désigne l'application $M(X) \setminus X \to M(X)$ associant à l'élément (a, b) l'élément $\lambda(a, b) = a$).

Si pour tout i, $1 \leq i \leq p$, on a $h < \lambda^i(h)$, alors d'après (Ha_1) et (Ha_2) on a $(h, \lambda^p(h)) \in H$.

Sinon, il existe m, plus petit entier de $[1, p]$ tel que $\lambda^m(h) < h$. Alors $h < \lambda^{m-1}(h)$ et d'après (Ha_2), on a $(h, \lambda^{m-1}(h)) \in H$.

En notant $f = \delta h$, nous venons de prouver l'existence d'un facteur gauche f' de f tel que $ff' \in \delta H$. En appliquant alors le lemme 1.3, nous en déduisons une factorisation du mot ff sous la forme :

$$ff = f_1 \ldots f_k \quad \text{avec} \quad f_i = \delta h_i \, , \; h_i \in H \, , \; h_1 \geq \ldots \geq h_k$$

et

$$|f_1| \geq |ff'| > |f|$$

Ceci est en contradiction avec la condition (UF) d'unique factorisabilité du lemme 1.5. On avait donc $u < h$. D'où le lemme.

Les lemmes 1.5 et 1.6 prouvent alors la condition nécessaire du théorème 1.2.

C.Q.F.D.

Il est maintenant commode de poser la définition suivante, généralisant les ensembles de Hall classiques [Bo, 72] :

DÉFINITION 1.3. Une partie totalement ordonnée H du magma libre $M(X)$ est appelée <u>ensemble de Hall</u> ssi elle vérifie les conditions (Ha_1), (Ha_2) et (Ha_3).

REMARQUE 1.2. Si H est un ensemble de Hall, on peut démontrer qu'il existe une seule relation d'ordre total telle que H vérifie (Ha_1), (Ha_2) et (Ha_3).

Nous terminons ce paragraphe en montrant l'équivalence des notions de factorisation de Lazard et d'ensemble de Hall. Nous prouvons d'abord :

PROPOSITION 1.3. <u>Soit</u> F <u>une factorisation de Lazard et</u> Π <u>son parenthésage. Alors</u> ΠF <u>est un ensemble de Hall.</u>

Notons $H = \Pi F$, ordonné par l'ordre correspondant de F. Soit $n \geq 1$ et $F \cap \overline{X^n} = \{u_1, \ldots, u_{k+1}\}$ ordonné par l'ordre induit $u_1 < \ldots < u_{k+1}$. Soient $Y_0, \ldots, Y_k$ vérifiant les conditions (La'_n) et (La''_n) :

$$Y_0 = X , \quad Y_1 = u_1^*(Y_0 \backslash u_1), \ \ldots , \quad Y_k = u_k^*(Y_{k-1} \backslash u_k) .$$

Pour $f \in F \cap \overline{X^n}$, notons $\theta(f)$ le plus petit entier p tel que $f \in Y_p$. Il est aisé de prouver que θ vérifie les conditions :

(1.14) $\qquad \forall\, p \in [1, k+1] , \quad \theta(u_p) < p$

(1.15) $\qquad \forall h \in \Pi(F \cap \overline{X^n})\,, \quad \delta \circ \lambda(h) = u_{\theta \circ \delta(h)}$

(1.16) $\qquad \forall p, q \in [1, k+1]\,, \quad \theta(u_q) \leq p < q \Rightarrow u_p u_q \in F$ et $\Pi(u_p u_q) = (\Pi u_p, \Pi u_q)$

α) La condition (La''_n) implique la condition (Ha_1) pour H.

β) Soit $h = (u, v) \in H \backslash X$ de degré $\leq n$ et notons $p = \theta(h)$. On a évidemment

(1.17) $\qquad u \in H\,, \quad v \in H$

On peut alors écrire :

$$\delta(h) = u_p^i w \text{ avec } i \geq 1\,, \quad \delta(u) = u_p \in Y_{p-1}, \quad w \in Y_{p-1} \backslash u_p$$

Pour tout $j \geq 1$ tel que $|u_p^j w| \leq n$, on a $u_p < u_p^j w$. En particulier $u_p < u_p^{i-1} w = \delta(v)$. Ainsi on a :

(1.18) $\qquad u < h$ et $u < v$.

D'autre part, supposons $v \notin X$. Si $i \geq 2$, alors $\lambda(v) = \Pi(u_p) = u$. Sinon $i = 1$ et $v = w \in \Pi(Y_{p-1})$. Soit $q = \theta \circ \delta(v)$. Par définition de θ, $q \leq p-1$. Mais d'après (1.15), $\delta \circ \lambda(v) = u_q$ et donc :

(1.19) $\qquad \delta \circ \lambda(v) < u$.

γ) Réciproquement, soit $h = (u, v) \in M(X) \backslash X$ tel que $u \in H$, $v \in H$, $u < v$ et $v \in X$ ou $\lambda(v) \leq u$. Notons $\delta(u) = u_p$ et $\delta(v) = vq$.

- Si $v_q \in X$, $\theta(v_q) = 0$ et d'après (1.16), $h \in H$.
- Si $v_q \notin X$, notons $\delta \circ \lambda(v) = u_r$ avec $r \leq p$.

D'après (1.15) , $r = \theta(v_q)$ et donc $h \in H$ d'après (1.16) .

Ainsi dans les deux cas :

(1.19) $\qquad h \in H$.

Les relations (1.17) , (1.18) et (1.19) prouvent la condition (Ha_2) . La relation (1.18) donne (Ha_3) .

C. Q. F. D.

Les propositions 1.2 et 1.3 s'écrivent aussi sous la forme suivante :

COROLLAIRE 1. 1 . Il existe une bijection Φ entre les ensembles de Hall de $M(X)$ et les factorisations de Lazard de X^* .

Si H est un ensemble de Hall, alors $\Phi(H) = \delta(H)$, ordonné par l'ordre correspondant de H (la restriction de δ à H est injective) .

Si F est une factorisation de Lazard, $\Phi^{-1}(F) = \Pi(F)$, où Π est le parenthésage de F et où $\Pi(F)$ est ordonné par l'ordre correspondant de F .

4. Autres caractérisations des bases associées aux ensembles de Hall.

Les notions de factorisation de Lazard du §2 et d'ensemble de Hall du §3 fournissent deux procédés équivalents pour définir des bases des algèbres de Lie libres. Il n'est peut-être pas immédiat de voir que les bases de Chen-Fox-Lyndon ou de Širšov du §1 en sont des cas particuliers.

Le but de ce paragraphe est de rendre plus maniables les notions équivalentes de factorisation de Lazard ou d'ensemble de Hall. Pour ceci, il est maintenant temps d'introduire la notion de factorisation complète d'un monoïde libre, introduite par M.-P. Schützenberger [Sc, 65] et jouant un rôle fondamental dans toute cette étude.

DÉFINITION 1.4. Une <u>factorisation complète</u> du monoïde libre X^* est un ensemble F totalement ordonné de mots de X^+ tel que tout mot f de X^+ puisse s'écrire de manière unique sous la forme :

(1.20) $$f = f_1 \dots f_p \ , \quad p \geq 1 \ , \quad f_i \in F \ , \quad f_1 \geq \dots \geq f_p \ .$$

NOTATION. Nous noterons $F(f)$ l'unique p-uple $(f_1, \dots, f_p)$ de (1.20).

EXEMPLE 1.7. <u>Factorisation de Lazard.</u>

LEMME 1.7. <u>Une factorisation de Lazard est une factorisation complète.</u>

Soient $n \geq 1$ et $\{u_1, \dots, u_{k+1}\} = \overline{X^n} \cap F$ avec $Y_0, \dots, Y_k = u_k^*(Y_{k-1} \setminus u_k)$ vérifiant les conditions (La'_n) et (La''_n).

Il est aisé de voir que tout mot f de X^+ se factorise de manière unique :

$$f = \alpha_1 \beta_1 \quad \text{avec} \quad \alpha_1 \in Y_1^* \quad \text{et} \quad \beta_1 \in u_1^* \ .$$

D'autre part, Y_1^* est un sous-monoïde libre de X^*, dont la base (voir §1) est Y_1 et tout mot f de Y_1^* se factorise de manière unique :

$$f = \alpha_2 \beta_2 \quad \text{avec} \quad \alpha_2 \in Y_2^* \ \text{et} \ \beta_2 \in u_2^* \ .$$

Par récurrence, on peut donc écrire f sous la forme :

$$f = \alpha_{k+1}\, \beta_{k+1} \cdots \beta_1 \quad \text{avec,} \quad \alpha_{k+1} \in Y_{k+1} = u_{k+1}^* \; (Y_k \backslash u_{k+1})$$

$$\text{et} \quad \beta_1 \in u_1^*, \; \ldots \; , \; \beta_{k+1} \in u_{k+1}^* \; .$$

Le lecteur se convaincra que cette écriture est unique.

Ainsi d'après (La''_n), tout mot f de $\overline{X^n}$ admet une factorisation unique de la forme (1.20) .

C. Q. F. D.

EXEMPLE 1.8 . Ensemble des mots lexicographiques standards (ou factorisation de Chen-Fox-Lyndon-Širšov).

Nous rappelons ici quelques lemmes sur les mots lexicographiques standards du §1 et montrons notamment qu'ils forment une factorisation complète (voir aussi [CFL, 58], [Ly, 54], [Si, 58]) .

LEMME 1.8 . Pour tout mot f de X^+, les deux conditions suivantes sont équivalentes :

(i) f est strictement inférieur à tous ses conjugués propres, c'est-à-dire :

$$\forall\, u, \, v \in X^+ \;, \;\; f = uv \Rightarrow f < vu \;\; ;$$

(ii) f est strictement inférieur à tous ses facteurs droits propres, c'est-à-dire :

$$\forall\, u, \, v \in X^+ \;, \;\; f = uv \Rightarrow f < v \;\; .$$

Le mot f est alors appelé mot lexicographique standard.

Avant de démontrer ce lemme, nous rappelons d'abord le lemme suivant que le lecteur démontrera aisément.

LEMME 1.9 . <u>Soient</u> $u, v, w \in X^+$ <u>tels que</u> $uv = vw$. <u>Alors il existe</u> $\alpha, \beta \in X^*$ <u>et</u> $n \in \mathbb{N}$ <u>tels que</u> :

$$u = \alpha\beta \quad , \quad v = (\alpha\beta)^n\alpha \quad , \quad w = \beta\alpha \ .$$

D'autre part, nous utiliserons les propriétés suivantes de l'ordre lexicographique :

(1.21) $\forall f, g \in X^+$ tels que $f < g$, ou bien f est facteur gauche de g , ou bien $\forall u, v \in X^+$, $fu < gv$.

(1.22) $\forall f, g \in X^+ \ , \ f < fg$.

(1.23) $\forall f, g \in X^+ \ , \ \forall u \in X^+ \ , \ uf < ug \Leftrightarrow f < g$.

Nous prouvons maintenant successivement :

(a) (i) $\Rightarrow$ (ii) .

Soient $f \in X^+$ vérifiant (i) et $u, v \in X^+$ tels que $f = uv$. Supposons $v < f$. Comme $f < vu$, d'après (1.21), il existe $w \in X^+$ tel que $f = vw$. D'après le lemme 1.9 , on peut trouver α et $\beta \in X^*$ et $n \in \mathbb{N}$ tels que :

$$u = \alpha\beta \quad , \quad v = (\alpha\beta)^n\alpha \quad , \quad w = \beta\alpha \ .$$

En fait α et β sont différents de e puisque f est nécessairement primitif. D'après (i) on a :

$$(\alpha\beta)^{n+1}\alpha = f \ < \ \alpha(\alpha\beta)^{n+1} \quad ;$$

d'où, avec (1.23) :

$$(\beta\alpha)^{n+1} < (\alpha\beta)^{n+1} \;;$$

puis avec (1.21) :

$$(\beta\alpha)^{n+1}\alpha < (\alpha\beta)^{n+1}\alpha = f \;.$$

Mais $(\beta\alpha)^{n+1}\alpha$ est un conjugué propre de f ce qui est contradictoire. On avait donc $f < v$.

(b) (ii) $\Rightarrow$ (i) .

Soient $f \in X^+$ vérifiant (ii) et $u, v \in X^+$ tels que $f = uv$. D'après (1.21) $f < vu$. Le lemme 1.8 est ainsi démontré.

C.Q.F.D.

LEMME 1.10 . <u>Soit</u> F <u>l'ensemble des mots lexicographiques standards de</u> X^*. <u>Alors</u> :

$$\forall\, u, v \in F \;,\; u < v \Rightarrow f = uv \in F \;.$$

Soient $u, v \in F$ avec $u < v$ et $f = uv$.

Un conjugué g de f peut prendre l'une des trois formes suivantes :

(a) $g = vu$;

(b) $g = v_2 u v_1$ où $v = v_1 v_2$ avec $v_1, v_2 \in X^+$;

(c) $g = u_2 v u_1$ où $u = u_1 u_2$ avec $u_1, u_2 \in X^+$.

(a) D'après (1.22) on a :

$$u < vu \;.$$

Supposons que u soit facteur gauche de vu . On pourrait alors écrire :

$$u = (\alpha\beta)^n\alpha \quad \text{avec} \quad \alpha \text{ et } \beta \neq e \; , \quad n \geq 1 \; .$$

Ceci est contradictoire avec $u \in F$, (1.22) et la condition (ii) du lemme 1.8 . Ainsi, d'après (1.21) :

$$f < vu = g \; .$$

(b) D'après (ii) on a $v < v_2$ et d'après (1.21) et (1.22) :

$$vu < v_2u < v_2uv_1 = g \; .$$

D'après (a), il vient :

$$f < g \; .$$

(c) D'après (ii) on a $u < u_2$ et avec (1.21) il vient :

$$f = uv < u_2v < u_2vu_1 = g \; .$$

C. Q. F. D.

LEMME 1.11 . L'ensemble F des mots lexicographiques standards, ordonné par l'ordre induit de l'ordre lexicographique de X^* , est une factorisation complète, appelée aussi factorisation de Chen-Fox-Lyndon-Širšov.

Le lemme 1.10 prouve, avec un raisonnement analogue à celui du lemme 1.3 , que tout $f \in X^+$ se factorise sous la forme (1.20) :

$$f = f_1 \dots f_p \ , \ f_i \in F \ , \ f_1 \geq \dots \geq f_p \ .$$

Soit maintenant $f = gh$ avec $g, h \in X^+$, $|f_1| < |g|$ et $g \in F$. Alors, il existe r , $2 \leq r \leq p$ et $u \in X^+$, $v \in X^*$ tels que :

$$f_r = uv \ , \ g = f_1 \dots f_{r-1} u \ .$$

On peut écrire $u = u_1 \dots u_q$ avec $u_i \in F$, $u \geq u_1 \geq \dots \geq u_q$. D'où :

$$u_q \leq f_1 < g \ ,$$

en contradiction avec $g \in F$. Ainsi f_1 est nécessairement le facteur gauche strict de f appartenant à F et de longueur maximum. La forme (1.2) est donc unique.

C. Q. F. D.

Le lemme 1.4 et le raisonnement du lemme 1.5 prouvent :

PROPOSITION 1.4 . Soit F une partie totalement ordonnée de X^+ vérifiant la condition :

(Fa_1) Tout $f \in F$ se factorise sous la forme (1.20) .

Alors, en notant $|X| = q$, F est une factorisation complète ssi on a l'une des deux conditions équivalentes :

- $\forall n \geq 1 \quad |F \cap X^n| = \ell_q(n)$
- $\forall n \geq 1 \quad |F \cap X^n| \leq \ell_q(n)$.

De même, par un raisonnement analogue :

PROPOSITION 1.5 . Soit F une partie totalement ordonnée de X^+ vérifiant la condition :

(Fa_2) Tout $f \in F$ admet au plus une factorisation sous la forme (1.20) .

Alors, en notant $|X| = q$, F est une factorisation complète ssi on a l'une des deux conditions équivalentes :

$$- \forall n \geq 1 \qquad |F \cap X^n| = \ell_q(n)$$
$$- \forall n \geq 1 \qquad |F \cap X^n| \geq \ell_q(n) \ .$$

En fait, ces deux propositions sont voisines d'un théorème général de Schützenberger [Sc, 65] sur les factorisations, qui sera énoncé au chapitre III . Pour les factorisations complètes de ce chapitre, il devient :

PROPOSITION 1.6 . Soit F une partie totalement ordonnée de X^+ . Alors deux des trois conditions suivantes impliquent la troisième :

(Fa_1) (cf. proposition 1.4) ;
(Fa_2) (cf. proposition 1.5) ;
(Fa_3) Pour toute classe de conjugaison C de X^* , il existe un et un seul $f \in F$ tel que $C \cap f^* \neq \emptyset$. De plus $|C \cap f^*| = 1$.
En particulier :

COROLLAIRE 1.2 . Soit F une factorisation complète de X^* . Les mots de F forment un système de représentants des classes primitives de conjugaison de X^* .

Nous pourrons maintenant réécrire quelques résultats des § 2 et 3 en termes de factorisations :
En particulier, nous avons démontré la :

PROPOSITION 1.7 . *Soit* H *une partie totalement ordonnée de* M(X) *vérifiant* (Ha_1) *et* (Ha_2) . *Alors les conditions suivantes sont équivalentes* :

(i) *La restriction à* H *de* δ *est bijective et* $\delta(H)$, *ordonné par l'ordre correspondant de* H , *est une factorisation complète de* X^* .

(ii) *La famille* $\{\psi(h) , h \in H\}$ *est une base de* L(X).

(iii) H *vérifie* (Ha_3) .

L'équivalence de (ii) et (Ha_3) est le théorème 1.2 .

L'implication $(Ha_3) \Rightarrow$ (i) est donnée par la proposition 1.2 et le lemme 1.7 .

L'implication (i) $\Rightarrow (Ha_3)$ est le lemme 1.6 .

Nous donnons maintenant d'autres caractérisations utiles des factorisations de Lazard. Pour ceci, nous mettons d'abord le lemme 1.3 sous une forme plus complète :

LEMME 1.12 . *Soit* F *une factorisation de Lazard de* X^* *et* Π *son parenthésage . Soient* $f \in X^+$ *et* $x \in X$ *tels que* :

$$F(f) = (f_1, \ldots , f_p) \ , \quad F(fx) = (g_1, \ldots , g_q) \ , \quad f_p < x \ .$$

Alors on a $q \leq p$ *et on peut écrire* :

$$f_1 = g_1, \ldots , f_{q-1} = g_{q-1} \ , \quad g_q = f_q \ldots f_p x$$

avec :

$$\Pi g_q = (\Pi f_q, (\Pi f_{q-1} , \ldots (\Pi f_p, x) \ldots) \ .$$

La preuve de ce lemme est contenue dans celle du lemme 1.3. Il suffit de penser à la figure 1.1 !

NOTATIONS. Pour un p-uple $\varphi = (f_1, \dots, f_p)$ de mots de X^+, avec $p \geq 1$ nous notons encore :

$$\lambda(\varphi) = f_1 \quad \text{et} \quad \rho(\varphi) = f_p .$$

PROPOSITION 1.8. Soit F une factorisation complète de X^*. Alors F est une factorisation de Lazard ssi F vérifie l'une des 4 conditions équivalentes suivantes :

(iv) $\forall f \in X^+, \quad \forall g \in X^*, \quad |\lambda_\circ F(f)| \leq |\lambda_\circ F(fg)|$;

(v) $\forall f \in X^+, \quad \forall g \in X^*, \quad \lambda_\circ F(f) \leq \lambda_\circ F(fg)$;

(iv') $\forall f \in F, \quad \forall g \in F, \quad |f| \leq |\lambda_\circ F(fg)|$;

(v') $\forall f \in F, \quad \forall g \in F, \quad fg \in F \Rightarrow f < fg$.

α) Soient F une factorisation de Lazard et $H = \Pi(F)$ l'unique ensemble de Hall associé. Le lemme 1.3, puis le lemme 1.12 avec la condition (Ha_3) et une récurrence sur $|g|$ prouvent respectivement les conditions (iv) et (v).

β) Il est trivial que (iv) $\Rightarrow$ (iv') et (v) $\Rightarrow$ (v').

γ) Prouvons maintenant (iv') $\Rightarrow$ (v'). Soient donc f et $g \in F$ avec $f < g$ et $fg \in F$. Supposons $fg < f$. D'après (iv'), on a :

$$|fg| < \lambda_\circ F(fgf)$$

Mais $F(fgfg) = (fg, fg)$ et (iv') impliquent aussi :

$$\lambda_\circ F(fgf) < |fg| .$$

On avait donc $f < fg$.

D'après $\alpha)$, $\beta)$ et $\gamma)$, la proposition 1.8 sera démontrée si nous démontrons l'implication :

$\delta)$ (v') $\Rightarrow F$ est une factorisation de Lazard.

Nous prouvons cette implication par récurrence. Soit $n \geq 1$ et supposons que F vérifie les conditions (La'_n) et (La''_n) :

$$\overline{X^n} \cap F = \{u_1, \ldots, u_{k+1}\} \text{ avec } u_1 < u_2 < \ldots < u_{k+1}$$

et

$$u_1 \in X = Y_0, \quad u_2 \in Y_1 = u_1^*(X \setminus u_1), \ldots, u_{k+1} \in Y_k = u_k^*(Y_{k-1} \setminus u_k) .$$

Le lemme 1.7 est valable ici et tout mot f de X^+ se factorise de manière unique sous la forme

$$(1.24) \qquad f = \beta\, \alpha_{k+1}\, \alpha_k \ldots \alpha_1 \text{ avec}$$
$$\alpha_1 \in u_1^*, \ldots, \alpha_{k+1} \in u_{k+1}^*, \beta \in Y_{k+1}^*$$

en notant

$$Y_{k+1} = u_{k+1}^*(Y_k \setminus u_{k+1}) .$$

Soient $f \in Y_{k+1} \cap X^{n+1}$ et $F(f) = (f_1, \ldots, f_p)$. Si $p > 1$, alors d'après (La''_n) , tous les f_i sont dans $\{u_1, \ldots, u_{k+1}\}$ et f admet donc deux factorisations de la forme (1.24) :

$$f = f \quad \text{et} \quad f = f_1 \ldots f_p .$$

Ainsi

$$p = 1 \quad \text{et} \quad f \in F .$$

Réciproquement, soit $f \in F \cap X^{n+1}$. Alors dans l'écriture (1.24) on a :

$\beta \neq e$, sinon on aurait deux écritures différentes de f sous la forme (1.20) .
D'après (La''_n) on a alors $|\beta| = n+1$, d'où $f = \beta$ et $f \in Y_{k+1}$.
Nous avons prouvé :

$$(1.25) \qquad Y_{k+1} \cap X^{n+1} = F \cap X^{n+1} .$$

D'après (v') et (La'_n) , il vient :

$$(1.26) \qquad \forall p, \ 1 \leq p \leq k \ , \ \forall f \in Y_p \cap X^{n+1} \ , \ u_p < f .$$

Avec (1.25) et (1.26), on peut donc écrire :

$$(1.27) \qquad F \cap X^{n+1} = \{u_1, v_{i_1}, \ldots, v_{j_1}, u_2, v_{i_2}, \ldots, v_{j_2}, \ldots, u_{k+1}, v_{i_{k+1}}, \ldots, v_{j_{k+1}}\}$$

(ordonné par l'ordre induit), avec les conditions :

$$(1.28) \qquad \begin{array}{l} v_{i_1}, \ldots, v_{j_1} \in Y_1 \cap X^{n+1} \\ \ldots \ \ldots \ \ldots \ \ldots \ \ldots \ \ldots \\ v_{i_{k+1}}, \ldots, v_{j_{k+1}} \in Y_{k+1} \cap X^{n+1} . \end{array}$$

Le lecteur prouvera alors avec (La'_n) et (1.28) que la suite ordonnée des éléments au deuxième membre de (1.27) vérifie (La'_{n+1}) .
D'après (La''_n) et (1.25) , on vérifie aussi (La''_{n+1}) . Comme (La'_1) et (La''_1) sont trivialement vérifiées, on déduit l'implication δ) par récurrence.

C.Q.F.D.

EXEMPLE 1.9 . La factorisation de Chen-Fox-Lyndon-Širšov de l'exemple 1.8 vérifie évidemment la condition (v') . C'est donc une factorisation de Lazard.

Si nous avons maintenant des critères commodes pour caractériser les factorisations complètes qui sont des factorisations de Lazard, nous n'avons que deux moyens de construire les bases qui leurs sont associées : le parenthésage du § 2 ou les ensembles de Hall du § 3 . Nous donnons trois autres critères nettement plus pratiques pour retrouver le parenthésage et les bases associées.

PROPOSITION 1.9 . Soit F une factorisation de Lazard de X^* , de parenthésage Π . Soit $\Pi' : F \to M(X)$ l'application définie par récurrence sur les degrés :

- $\Pi' x = x$ pour tout $x \in X$.
- Pour $f \in F \setminus X$, notons $f = gx$ avec $x \in X$ et $F(g) = (f_1, \dots, f_p)$, alors $\Pi'(f) = (\Pi' f_1, (\Pi' f_2, \dots (\Pi' f_p, x) \dots))$.

Alors

$$\Pi' = \Pi .$$

Cette proposition découle immédiatement du lemme 1.12 .

PROPOSITION 1.10 . Soit F une factorisation de Lazard de X^* , de parenthésage Π . Pour $f \in F \setminus X$, notons $\alpha(f)$ le facteur gauche de f de longueur maximum, distinct de f et appartenant à F . Alors $\alpha(f)$ est aussi le plus grand facteur gauche strict de f appartenant à F .
De plus, en notant $f = \alpha(f)\,\beta(f)$, on a $\beta(f) \in F$. On peut ainsi définir une application $\Pi'' : F \to M(X)$ par récurrence sur les degrés de la façon suivante :

(i) $\Pi'' x = x$ pour tout $x \in X$;

(ii) $\forall f \in F \setminus X$, $\Pi'' f = (\Pi'' \alpha(f) , \Pi'' \beta(f))$.

Alors

$$\Pi = \Pi'' .$$

α) Soit $f \in F \setminus X$ et notons $f = gx$ avec $x \in X$. Soit $f' \in F$ un facteur gauche de f tel que $|\lambda F(g)| < |f'|$ (resp. $\lambda F(g) < f'$). Le lecteur prouvera, avec la condition (iv) (resp. (v)) de la proposition 1.8, que $f' = f$. Nous avons ainsi la première assertion de la proposition et de plus :

$$\alpha(f) = \lambda F(g) . \tag{1.29}$$

β) Notons maintenant $F(\beta(f)) = (g_1, \ldots, g_q)$. On a $\alpha(f) < g_1$, sinon on aurait deux factorisations de f selon (1.20). D'après la condition (v) de la proposition 1.8, $\alpha(f)\, g_1$ admet un facteur gauche dans F plus grand que $\alpha(f)$. Ainsi $f = \alpha(f)\, g_1$ et donc $q = 1$ et $\beta(f) \in F$.

γ) L'égalité $\Pi = \Pi''$ n'est plus qu'une conséquence de (1.29) et de la proposition 1.9.

C. Q. F. D.

REMARQUE 1.3. On aurait pu aussi prouver l'égalité $\Pi = \Pi''$ en montrant que $\Pi''(F)$ est un ensemble de Hall et appliquer le corollaire 1.1.

EXEMPLE 1.10. <u>Base de Chen-Fox-Lyndon-Širšov.</u>

En appliquant le théorème 1.1 et les propositions 1.8 et 1.9 à la factorisation de Širšov nous retrouvons la base de Širšov [Si, 58] du § 1. En appliquant le théorème 1.1 et les propositions 1.8 et 1.10 à la factorisation de Chen-Fox-Lyndon, nous retrouvons la base de Chen-Fox-Lyndon et de plus :

COROLLAIRE 1.3. <u>Les bases de Chen-Fox-Lyndon et de Širšov définies au § 1 sont identiques</u> (à des symétries près sur les ordres).

On verra d'autres applications au paragraphe suivant, avec notamment la nouvelle base de Spitzer-Foata.

5. Bases et factorisations régulières.

En remplaçant "facteur gauche" par "facteur droit" on pourrait refaire dualement toute l'étude des paragraphes 2, 3 et 4 . On peut ainsi définir dualement les notions de factorisations de Lazard à droite, ainsi que d'ensemble de Hall à droite. Les définitions précédentes devenant alors factorisations de Lazard à gauche et ensembles de Hall à gauche. On a alors toutes les propositions duales des paragraphes précédents.

L'objet de ce paragraphe est d'étudier la classe remarquable des factorisations qui sont à la fois de Lazard à gauche et à droite. Les bases associées (par exemple pour le parenthésage à gauche) jouissent alors de propriétés remarquables et sont en général particulièrement commodes à manier dans la pratique, et très utiles pour les calculs sur ordinateur. Les deux exemples importants sont les bases de Chen-Fox-Lyndon-Širšov et les nouvelles bases que nous allons définir ici et que nous appellerons bases de Spitzer-Foata.

DÉFINITION 1.5 . Une factorisation complète F du monoïde libre X^* est dite <u>régulière</u> ssi elle est à la fois factorisation de Lazard à gauche et à droite.

En combinant la proposition 1.8 et sa duale, on obtient immédiatement la caractérisation suivante, que le lecteur peut aussi prouver directement :

PROPOSITION 1.11 . Une factorisation complète F du monoïde libre X^* est régulière ssi elle vérifie l'une des deux conditions équivalentes suivantes :

(i) $\forall f \in F \ , \ \forall g \in F \ , \ f < g \Rightarrow fg \in F$;

(ii) $\forall f \in F \ , \ \forall g \in F \ , \ fg \in F \Rightarrow f < fg < g$.

EXEMPLE 1.11 . Bases de Chen-Fox-Lyndon-Širšov.

LEMME 1.13 . La factorisation de Chen-Fox-Lyndon-Širšov est une factorisation complète régulière.

On avait déjà vu qu'elle était factorisation de Lazard à gauche. La condition (ii) du lemme 1.8 prouve qu'elle l'est aussi à droite. On peut aussi utiliser le lemme 1.10 et la condition (i) de la proposition 1.11 .

Donnons au passage une propriété remarquable des bases associées explicitée par P. Cartier (voir aussi [Vi, 75]) :

PROPOSITION 1.12 . Soit F une factorisation de Chen-Fox-Lyndon-Širšov de X^* et $\Psi\circ\Pi(F)$ la base associée. Soit T l'opérateur projection du module sous-jacent à L(X) sur le module libre de base F . Alors T est un isomorphisme de module. La restriction T_n $(n \geq 1)$ de T à $L_n(X)$ est un isomorphisme du module $L_n(X)$ sur le module de base $F \cap X^n$. En prenant comme bases respectives $\Psi\circ\Pi(F \cap X^n)$ et $F \cap X^n$, la matrice représentant T_n est triangulaire, à coefficients entiers et de déterminant 1 .

Cette proposition se déduit immédiatement du lemme suivant qu'il est aisé de prouver par récurrence sur les degrés :

LEMME 1.14 . Soit u un alternant de L(X) , élément d'une base de Chen-Fox Lyndon-Širšov , et soit $u = \sum_i u_i$ l'écriture de u comme somme d'éléments homogènes de $\mathbb{K}\langle X\rangle$. Alors u est le plus petit des u_i pour l'ordre lexicographique (en prenant la définition de Chen-Fox-Lyndon).

Ainsi, pour calculer les coefficients du développement d'un élément de Lie $u \in \mathbb{K}\langle X\rangle$ selon la base de Chen-Fox-Lyndon-Širšov, il suffit, dans le développement de u selon la base X^* de $\mathbb{K}\langle X\rangle$, de ne prendre en considération que les mots lexicographiques standards F , et d'inverser des matrices triangulaires à coefficients entiers n'ayant que des 1 sur la diagonale.

Le lecteur se rapportera aux calculs sur ordinateur des coefficients de la série de Baker-Hausdorff $z = \text{Log}(e^x e^y)$, effectués par J. Michel [Mi, 74] .

Par exemple, reprenons les éléments de degré ≤ 5 de la base de Chen-Fox-Lyndon-Širšov de l'exemple 1.2 : $X = \{x, y\}$ avec $x < y$. Soit M_n la matrice associée à T_n , en ordonnant la base $F \cap X^n$ selon l'ordre lexicographique et en donnant l'ordre correspondant pour $\psi \circ \Pi(F \cap X^n)$, base de $L_n(X)$. On a

- $F \cap X = \{x, y\}$
- $F \cap X^2 = \{xy\}$

$$\psi \circ \Pi(xy) = xy - yx$$

- $F \cap X^3 = \{x^2y, xy^2\}$

$$\psi \circ \Pi(x^2y) = x^2y - 2xyx + yx^2$$

$$\psi \circ \Pi(xy^2) = xy^2 - 2yxy + y^2x$$

- $F \cap X^4 = \{x^3y, x^2y^2, xy^3\}$

$$\psi \circ \Pi(x^3y) = x^3y - 3x^2yx + 3xyx^2 - yx^3$$

$$\psi \circ \Pi(x^2y^2) = x^2y^2 - 2xyxy + 2yxyx - y^2x^2$$

$$\psi \circ \Pi(xy^3) = xy^3 - 3yxy^2 + 3y^2xy - y^3x \ .$$

Les matrices correspondantes sont :

$$M_1 = \begin{pmatrix} 1 & 0 \\ 0 & 1 \end{pmatrix} \qquad M_2 = (1) \qquad M_3 = \begin{pmatrix} 1 & 0 \\ 0 & 1 \end{pmatrix} \quad M_4 = \begin{pmatrix} 1 & 0 & 0 \\ 0 & 1 & 0 \\ 0 & 0 & 1 \end{pmatrix} .$$

De même on calculerait M_5 :

- $F \cap X^5 = \{x^4y, x^3y^2, x^2yxy, x^2y^3, xyxy^2, xy^4\}$

$$M_5 = \begin{pmatrix} 1 & 0 & 0 & 0 & 0 & 0 \\ 0 & 1 & 0 & 0 & 0 & 0 \\ 0 & -3 & 1 & 0 & 0 & 0 \\ 0 & 0 & 0 & 1 & 0 & 0 \\ 0 & 0 & 0 & -2 & 1 & 0 \\ 0 & 0 & 0 & 0 & 0 & 1 \end{pmatrix} \quad \begin{matrix} x^4y \\ x^3y^2 \\ x^2yxy \\ x^2y^3 \\ xyxy^2 \\ xy^4 \end{matrix}$$

EXEMPLE 1.12 . Factorisations et bases de Spitzer-Foata.

Nous nous restreindrons ici à un alphabet à 2 lettres $X = \{x, y\}$. Le cas général sera étudié au chapitre III .

NOTATIONS. Pour $f \in X^*$, nous désignons par $|f|_x$ et $|f|_y$ respectivement le nombre d'occurrences de la lettre x ou la lettre y dans f . Pour tout rationnel $r \in \mathbb{Q}$, nous définissons une partie Y_r de X^+ comme étant l'ensemble des $f \in X^+$ tels que $|f|_y/|f|_x = r$ et $|u|_y/|u|_x < r$ pour tout facteur gauche strict non vide de f .

On peut traduire ceci géométriquement en associant à tout mot de X^+ un "chemin minimal" de $\mathbb{N} \times \mathbb{N}$: à chaque occurrence de x (resp. y) correspond un "pas horizontal" (resp. "pas vertical"). Ainsi le chemin minimal associé à $f = xyx^2yxy^3$ est représenté sur la figure 1.2 :

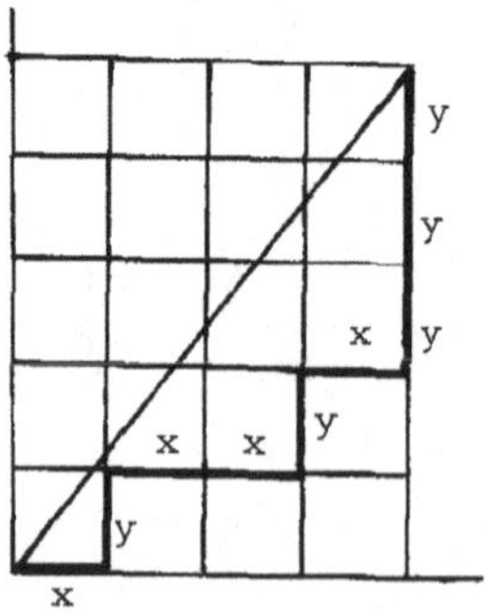

$f = xy\ x^2y\ xy^3$

Fig. 1.2

Les mots de Y_r sont alors exactement les mots dont le chemin minimal associé est situé strictement (sauf aux extrémités) en dessous de la droite joignant ses extrémités. Ici $f = xyx^2yxy^3 \in Y_{5/4}$.

Nous convenons que $Y_\infty = \{y\}$ et que ∞ est un symbole strictement supérieur à tout $r \in \mathbb{Q}$. Comme on le voit aisément sur le dessin, pour chaque $r \in \mathbb{Q} \cup \{\infty\}$, l'ensemble Y_r est un code qui engendre librement le sous-monoïde libre Y_r^*. Nous ordonnons Y_r par l'ordre lexicographique induit de celui de X^* avec $x < y$. La théorie que nous avons développée jusqu'ici supposait un alphabet fini. Elle se généralise sans peine au cas infini et en particulier, nous pouvons donc définir F_r, ensemble des mots lexicographiques standards relativement à l'alphabet ordonné Y_r et induit de Y_r^*. (C'est aussi l'ordre lexicographique induit de X^*). Enfin nous posons $F = \sum_{r \in \mathbb{Q} \cup \{\infty\}} F_r$, la somme ordinale des ensembles totalement ordonnés F_r selon l'ensemble totalement ordonné $\mathbb{Q} \cup \{\infty\}$. Nous pouvons alors énoncer :

LEMME 1.15 . <u>L'ensemble</u> F <u>ainsi défini est une factorisation complète régulière, appelée factorisation de Spitzer-Foata sur deux lettres.</u>

α) Tout $f \in X^+$ se factorise de manière unique sous la forme :

$$f = f_1 \ldots f_p, \quad p \geq 1 \quad \text{avec} \quad f_i \in Y_{j_i}, \quad j_i \in \mathbb{Q} \cup \{\infty\}, \quad j_1 \geq \ldots \geq j_p . \tag{1.30}$$

Le lecteur s'en convaincra aisément : les mots $f_1, \ldots, f_p$ correspondent exactement à l'intersection du chemin minimal associé à f avec l'enveloppe convexe de la partie de $\mathbb{N} \times \mathbb{N}$ située en dessous de ce chemin minimal (voir figure 1.3). Comme chaque F_{j_i} est une factorisation complète relativement à $Y_{j_i}^*$, on en déduit aisément que F est une factorisation complète de X^*.

β) Montrons qu'elle est régulière. Soit $f \in Y_r^*$, $g \in Y_t^*$ avec $r < t$. En pensant aux chemins minimaux, on prouve qu'il existe $s \in \mathbb{Q}$ tel que :

(1.31) $r < s < t$ et $fg \in Y_s$.

Comme chaque F_r , $r \in \mathbb{Q} \cup \{\infty\}$, est une factorisation régulière relativement à Y_r^* (lemme 1.13) , on déduit de (1.31) que F vérifie les conditions (i) et (ii) de la proposition 1.11 .

C.Q.F.D.

REMARQUE 1.4 . En fait, nous commençons ici à avoir vraiment besoin des factorisations générales du chapitre III . La famille $\mathcal{F} = (Y_r, r \in \mathbb{Q} \cup \{\infty\})$ en est un exemple remarquable. Nous verrons que F est la factorisation dite <u>composée</u> de $\mathcal{F}$ par les factorisations (complètes) F_r . La factorisation $\mathcal{F}$ est le cas particulier à deux lettres d'une notion introduite par Spitzer à des fins statistiques (voir [Sp, 56]) puis réutilisée par Schützenberger [Sc, 65] . La factorisation F est définie de manière équivalente par Foata [Fo, 65] et introduite sous le nom de factorisation spéciale de Spitzer, en vue de propriétés de réarrangements de permutations (avec répétitions).

Nous pouvons définir deux parenthésages associés à F . D'abord il y a $\Pi : F \to M(X)$ le parenthésage défini en tant que factorisation de Lazard à gauche. Puis il y a aussi un parenthésage plus naturel Π', défini par "composition" de la façon suivante.

Soit $Z = \bigcup_{r \in \mathbb{Q} \cup \{\infty\}} Y_r$ et soit $\pi : Z \to M(X)$ défini par récurrence sur les degrés, de la même façon que dans la proposition 1.10 :

- $\forall x \in X$, $\pi(x) = x$;
- $\forall f \in Z$, on peut toujours écrire $f = uv$ avec $u, v \in X^+$, $u \in Z$ de longueur maximum. Alors on vérifie que $v \in Z$ et on définit

$$\pi(f) = (\pi u, \pi v) .$$

Soit d'autre part, pour chaque $r \in \mathbb{Q} \cup \{\infty\}$, $\Pi_r : F_r \to M(Y_r)$ le parenthésage de F_r (en tant que factorisation de Lazard à gauche sur Y_r^*). La restriction π_r de π à Y_r s'étend de manière unique en un morphisme de magma $\bar{\pi}_r : M(Y_r) \to M(X)$. Pour $f \in F$, il existe un unique r tel que $f \in Y_r^*$ et on définit alors :

$$\Pi'(f) = \bar{\pi}_r \circ \Pi_r(f) \ .$$

Donnons tout de suite un exemple :

EXEMPLE. Soit $f = x^2y^2xy^2x^2y^2xyx^3y$ qui est représenté par le chemin minimal de la figure 1.3.

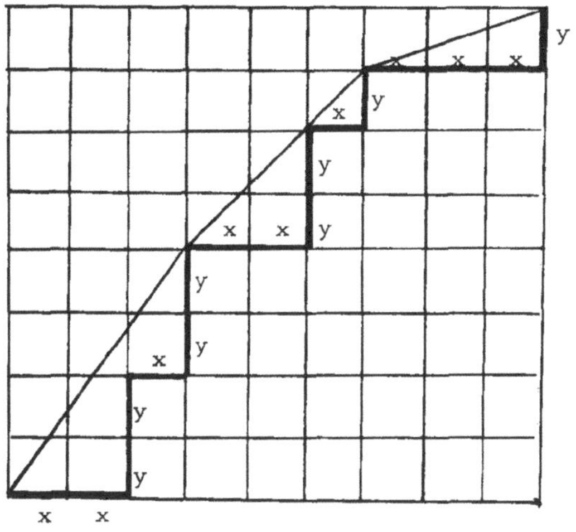

Fig. 1.3.

La forme (1.30) de f est alors :

$$f = f_1 \, f_2 \, f_3 \, f_4$$

avec

$$f_1 = x^2 y^2 x y^2 \quad \in Y_{4/3}$$
$$f_2 = x^2 y^2 \quad \in Y_1$$
$$f_3 = xy \quad \in Y_1$$
$$f_4 = x^3 y \quad \in Y_{1/3} .$$

On peut alors écrire :

$F(f) = (g_1, g_2, g_3)$ avec $g_1 = f_1 \in F_{4/3}$,
$g_2 = f_2 f_3 \in F_1$ et $g_3 = f_4 \in F_{1/3}$.

On a ici :

$$\Pi f_4 = \Pi' f_4 = (x, (x, (x, y)))$$
$$\Pi f_3 = \Pi' f_3 = (x, y)$$
$$\Pi f_2 = \Pi' f_2 = ((x, (x, y)), y)$$
$$\Pi g_2 = \Pi' g_2 = (\Pi f_2, \Pi f_3) .$$

Mais par contre :

$$\Pi f_1 = ((\Pi f_2, \Pi f_3), y)$$
$$\Pi' f_1 = (\Pi f_2, (\Pi f_3, y)) .$$

PROPOSITION 1.13 . Les familles $\{\psi \circ \Pi(f), f \in F\}$ et $\{\psi \circ \Pi'(f), f \in F\}$ sont des bases de l'algèbre de Lie libre $L(X)$ et sont appelées bases de Spitzer-Foata sur deux lettres.

Le fait que $\{\psi \circ \Pi(f) , f \in F\}$ soit une base de $L(X)$ résulte du lemme 1.15 et des propositions de ce chapitre. Par contre, démontrer le fait que Π' donne aussi naissance à des bases nécessite le chapitre III et donc les bissections du chapitre II . En effet, le lecteur verra que Π' n'est pas autre chose que le parenthésage "composé" de la factorisation (générale) $\mathfrak{F}$ avec celui des factorisations (complètes) F_r . On utilise alors (voir l'étude du chapitre III) :

LEMME 1.16 . Pour tout $r \in \mathbb{Q} \cup \{\infty\}$, la famille $\{\psi \circ \pi(f) , f \in Y_r\}$ est une famille basique de la sous-algèbre de Lie libre L_r , ensemble des combinaisons linéaires d'alternants dont le degré en y est égal à r fois celui en x .

Remarquons alors que le module $L(X)$ est somme directe des modules L_r :

$$L(X) \sim \bigoplus_{r \in \mathbb{Q} \cup \{\infty\}} L(\psi \circ \pi(Y_r)) \quad .$$

Enfin, le lecteur prouvera que les bases de Spitzer-Foata vérifient encore les propriétés de la proposition 1.12 .

Nous allons donner maintenant une construction générale des factorisations régulières de X^* . Pour ceci nous pouvons caractériser simplement les ensembles $F \subset X^+$ qui sont des factorisations régulières par :

PROPOSITION 1.14 . Soit F une partie totalement ordonnée de X^+ . Alors F est une factorisation complète régulière de X^* ssi elle vérifie les trois conditions suivantes :

(i) $X \subseteq F$;

(ii) $\forall f \in F \backslash X , \; \exists u \in F , \; \exists v \in F$ tels que $u < v$ et $f = uv$;

(iii) $\forall u \in F , \; \forall v \in F , \; u < v \Rightarrow uv \in F$ et $u < uv < v$.

D'après la proposition 1.11 , ces conditions sont évidemment nécessaires.

Réciproquement, soit F une partie totalement ordonnée de X^+ vérifiant (i), (ii) et (iii) . Nous construisons la partie H de $M(X)$ par récurrence sur les degrés.

Posons d'abord $H_1 = X$. Supposons ensuite définis $H_1, \dots, H_n \subset M_n(X)$, tels que la restriction de δ à $\overline{H_n}$ soit une injection de $\overline{H_n}$ dans $F \cap \overline{X^n}$. Nous ordonnons $\overline{H_n}$ par l'ordre correspondant de $\delta(\overline{H_n})$. Nous définissons alors $H_{n+1} \subseteq M_{n+1}(X)$ par la condition (Ha_2) :

$$H_{n+1} = \{h \in M_{n+1}(X) \,,\ \lambda(h) \in \overline{H_n} \,,\ \rho(h) \in \overline{H_n} \,,\ \lambda(h) < \rho(h)$$
$$\text{et tels que si } \rho(h) \notin X \text{ alors } \lambda\rho(h) \leq \lambda(h)\} \,.$$

D'après la condition (iii), $\overline{H_{n+1}}$ est alors l'ensemble des éléments de degré $\leq n+1$ d'un ensemble de Hall de $M(X)$ et, d'après la proposition 1.2, la restriction de δ à $\overline{H_{n+1}}$ est encore une injection.

Par récurrence, nous construisons ainsi un ensemble de Hall H tel que $H_n = H \cap M_n(X)$ pour tout $n \geq 1$. Soit $F' = \delta(H) \subseteq F$ la factorisation de Lazard associée à H.

Nous montrons d'abord que F' est régulière (notons que l'ordre sur F' est la restriction de celui de F). Supposons que l'on ait la condition

$$(R_n) \qquad \forall f, g \in F' \,,\ |g| \leq n \,,\ f < g \Rightarrow fg \in F' \,.$$

Soient maintenant $f \in F'$ et $g \in F' \cap X^{n+1}$. Notons $g = \delta(h)$ avec $h = (u, v) \in H$. Si $u \leq \Pi(f)$, alors d'après (Ha_2), $fg \in F'$. Sinon on a d'après (R_n), $f(\delta u) \in F'$, d'où avec (iii) :

$$f < f(\delta u) < \delta u < \delta v \,.$$

D'après (R_n), il vient $f(\delta u)(\delta v) = fg \in F'$. On a ainsi (R_{n+1}). D'autre part (R_1) est vraie d'après (Ha_2). Ainsi par récurrence, F' vérifie la condition (i) de la proposition 1.11 et est une factorisation régulière. Les conditions (i) et (ii) de l'hypothèse prouve par récurrence sur les longueurs que $F' = F$. Ainsi F est bien une factorisation complète. De plus elle est alors régulière.

C.Q.F.D.

La construction générale des factorisations complètes régulières de X^* repose alors sur le lemme :

LEMME 1.17 . Soit $F_1 = X$ muni d'un ordre total. Supposons définis $F_1 \subseteq F_2 \subseteq \dots \subseteq F_n$ où les F_i sont des ensembles totalement ordonnés de mots de longueur $\leq i$ vérifiant les trois conditions :

(a_n) la restriction de l'ordre de F_n à chaque F_i est celui de F_i.

(b_n) $\forall u, v \in F_n$, $|uv| \leq n$, $u < v \Rightarrow uv \in F_n$ et $u < uv < v$.

(c_n) $\forall f \in F_n \setminus X$, $\exists u, v \in F_n$, tels que $u < v$ et $f = uv$.

Alors il existe F_{n+1} vérifiant (a_{n+1}), (b_{n+1}) et (c_{n+1}).

La démonstration de la proposition 1.14 reste valable avec les conditions (a_n), (b_n) et (c_n). Ainsi tout mot $f \in \overline{X^n}$ se factorise de manière unique :

$$f = f_1 \dots f_p , \quad p \geq 1 , \quad f_i \in F_n \text{ et } f_1 \geq \dots \geq f_p .$$

Soient maintenant $f \in X^{n+1}$ et $u, v, u', v' \in F_n$ tels que :

$$u < v , \quad u' < v' \quad \text{et} \quad f = uv = u'v' .$$

Pour prouver le lemme, il est clair qu'il suffit de prouver que les segments $[u, v]$ et $[u', v']$ ont une intersection non vide.

Supposons par exemple $|u| < |u'|$. Alors on peut écrire $u' = uw$, $v = wv'$ avec $w \in X^+$.

Soit $w = w_1 \dots w_q$ l'unique écriture de w de la forme $w_i \in F_n$, $w_1 \geq \dots \geq w_q$. Une récurrence analogue à celle faite dans la preuve du lemme 1.3 prouve, grâce à la condition (b_n) :

$$w_1 \leq v \leq v'$$

et par symétrie :

$$u \leq u' \leq w_q .$$

Ainsi les éléments w_i, $1 \leq i \leq q$ appartiennent à $[u, v]$ et à $[u', v']$.

C.Q.F.D.

On peut ainsi construire tous les F_{n+1} vérifiant les conditions (a_{n+1}), (b_{n+1}) et (c_{n+1}) par :

(1.32) $$F_{n+1} = \{f \in X^{n+1},\ f = uv \text{ avec } u \in F_n,\ v \in F_n,\ u < v\} \cup F_n .$$

L'intersection I_f de tous les segments $[u, v]$, vérifiant $f = uv$ avec $u \in F_n$, $v \in F_n$, $u < v$, est non vide. Il suffit alors "d'insérer" chaque $f \in F_{n+1} \cap X^{n+1}$ dans le segment I_f pour construire tous les ensembles totalement ordonnés F_{n+1} vérifiant (a_{n+1}), (b_{n+1}) et (c_{n+1}). Il est alors clair que l'on construit ainsi toutes les factorisations complètes régulières F de X^* avec $F \cap \overline{X^n} = F_n$ (ordonné par l'ordre induit).

•

EXEMPLE 1.13 . Nous effectuons une construction possible avec $X = \{x, y\}$ jusqu'à $n = 6$. Nous l'écrivons sous forme de table jusqu'à $n = 5$ (l'ordre relatif à chaque F_i est défini en lisant la table de gauche à droite).

F_1	x													y
F_2							xy							
F_3				x^2y						xy^2				
F_4			x^3y					x^2y^2				xy^3		
F_5		x^4y			x^3y^2	x^2yxy			$xyxy^2$		x^2y^3		xy^4	

Nous aurons ici :

$$F_6 \setminus F_5 = \{x^5y,\ x^4y^2,\ x^3yxy,\ x^2yxy^2,\ x^3y^3,\ x^2y^4,\ xyxy^3,\ xy^5,\ xyx^2y^2\}$$

Par exemple, pour $f = x^2yxy^2$,

$$I_f = [x,\ xyxy^2] \cap [x^2y,\ xy^2] \cap [x^2yxy,\ y] = [x^2yxy,\ xyxy^2]$$

On "insérera" donc f entre x^2yxy et $xyxy^2$. Les mots de F_6 sont en bijection avec une base de $\overline{L_6}(X)$. Si Π est le parenthésage (à gauche) de la factorisation régulière, on a par exemple :

$$\psi \circ \Pi(f) = [[[x,\ [x,\ y]],\ [x,\ y]],\ y] \ .$$

CHAPITRE II

BISSECTIONS DES MONOÏDES LIBRES.

1. Construction des bissections.

DÉFINITION 2.1 . Une bissection du monoïde libre X^* est un couple (A, B) de parties non vides de X^+ tel que tout mot f de X^+ s'écrive de manière unique sous la forme :

$$f = a_1 \dots a_p \; b_1 \dots b_q \quad \text{avec } p+q > 0 \;, \quad a_i \in A \text{ et } b_j \in B \; . \tag{2.1}$$

REMARQUE 2.1 . Lorsque X est réduit à un seul élément, le monoïde libre $X^* = \mathbb{N}$ n'admet pas de bissections. Dans tout ce chapitre, nous supposerons que X est un ensemble (fini ou infini) de cardinal ≥ 2 .

EXEMPLE 2.1 . Soit $b \in X$ et $Y = X \setminus \{b\}$ non vide. Posons $A = b^*Y$ et $B = \{b\}$. Il est évident que le couple (A, B) est une bissection de X^* .

EXEMPLE 2.2 . Soit $X = \{a, b\}$. Il est peut-être moins évident que le couple (A, B) suivant soit une bissection de X^* .

$$A = \{a, ba\} \cup \{b, b^2a\}^*\{b^2a^2, b^2aba\}$$
$$B = \{b, b^2a\} .$$

La vérification est laissée au lecteur.

EXEMPLE 2.3 . Soit μ un morphisme de X^* dans le groupe additif des réels $\mathbb{R}$. Soient U et V les deux sous-monoïdes de X^* définis par :

$$U = \{f \in X^*, \quad \forall u, v \in X^* , \quad f = uv \Rightarrow \mu v \geq 0\}$$
$$V = \{f \in X^* , \quad \forall u \in X^+ , \quad \forall v \in X^* , \quad f = uv \Rightarrow \mu u < 0\}$$

Alors U et V sont des sous-monoïdes libres de X^* . Appelons A et B leurs bases respectives. Lorsque celles-ci sont non vides (c'est-à-dire lorsque $\mu X \cap [0, +\infty[\neq \emptyset$ et $\mu X \cap]-\infty, 0[\neq \emptyset$), alors (A, B) est une bissection de X^* .

En fait, cette propriété se "lit" sur l'interprétation graphique suivante. A chaque mot f de X^+ de longueur n , on associe une ligne brisée dans un plan à coordonnées rectangulaires, celle joignant les points de coordonnées $(i, \mu f_i)$ où f_i est le facteur gauche de f de longueur i $(i \in [0, n])$. Les mots de U sont alors les mots f tels que μf_i soit maximum (au sens large) pour $i = |f|$. Tout mot f de X^* s'écrit de manière unique

$$f = uv \quad \text{avec} \quad u \in U \quad \text{et} \quad v \in V ,$$

l'indice $i = |u|$ étant le plus grand entier i où la fonction μf_i atteint son maximum. Le lecteur caractérisera graphiquement les éléments des ensembles A et B , bases respectives des sous-monoïdes libres U et V .

Par exemple, soit $X = \{a, b\}$ et μ défini par $\mu a = 2$ et $\mu b = -1$. Soit $f = b^3a^3bab^2ab^3abab^4a$. Ce mot est représenté graphiquement par :

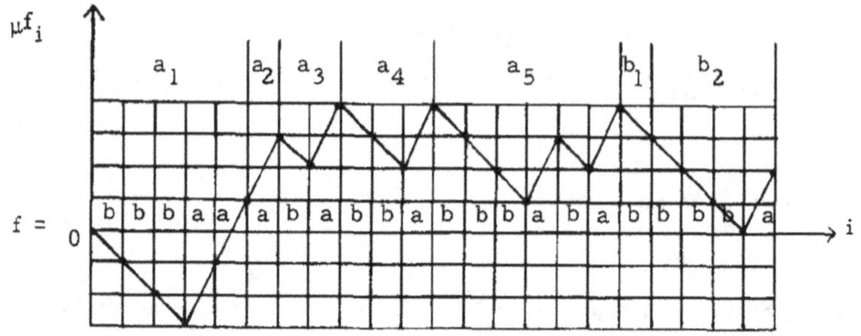

Fig. 2.1 .

La factorisation de f selon la forme (2.1) est :

$$f = a_1a_2a_3a_4a_5b_1b_2 \qquad \text{avec} \qquad a_i \in A\,, \quad b_j \in B$$

et

$$a_1 = b^3a^2 \quad , \quad a_2 = a \quad , \quad a_3 = ba \quad , \quad a_4 = b^2a \quad , \quad a_5 = b^3aba$$

$$b_1 = b \quad , \quad b_2 = b^3a \ .$$

Les bissections ainsi définies constituent l'interprétation algébrique du principe d'équivalence de Sparre Andersen, dans la théorie des fluctuations des sommes de variables aléatoires, comme l'ont montré M.-P. Schützenberger et D. Foata [FS, 71], [Fo, 75] .

Nous donnons maintenant quelques propriétés élémentaires des bissections.

RAPPEL DE DÉFINITIONS. Un sous-monoïde U de X^* est dit <u>préfixe</u> ssi on a :

$$\forall u, v \in X^* \ , \quad u \in U \quad \text{et} \quad uv \in U \Rightarrow v \in U \ .$$

Un sous-monoïde préfixe U de X^* est un sous-monoïde libre, et sa base A est appelée <u>code préfixe</u>. Une partie A de X^+ est un code préfixe ssi A vérifie la condition :

$$\forall u, v \in X^* \ , \quad u \in A \quad \text{et} \quad uv \in A \Rightarrow v = e \quad .$$

On définirait dualement les notions de <u>sous-monoïdes suffixes</u> et de <u>codes suffixes.</u>

Soit maintenant (A, B) une bissection de X^*. Les sous-monoïdes $U = A^*$ et $V = B^*$ sont des sous-monoïdes libres et vérifient la condition :

(2.2) tout $f \in X^*$ se factorise de manière unique $f = uv$, $u \in U$, $v \in V$.

Réciproquement si deux sous-monoïdes U et V de X^* vérifient la condition (2.2) , ils sont libres et sont donc engendrés par les facteurs A et B d'une bissection de X^*, cela d'après la proposition suivante que le lecteur prouvera facilement.

PROPOSITION 2.1 . <u>Soient</u> U <u>et</u> V <u>deux sous-monoïdes de</u> X^*. <u>La condition</u> (2.2) <u>équivaut à dire que les trois conditions suivantes sont vérifiées</u> :

(i) $X^* \subseteq UV$;

(ii) $U \cap V = \{e\}$;

(iii) U (<u>resp.</u> V) <u>est un sous-monoïde préfixe</u> (<u>resp. suffixe</u>).

Le lecteur démontrera aisément aussi la proposition suivante :

PROPOSITION 2.2 . <u>Soit</u> (A, B) <u>une bissection de</u> X^*. <u>Les conditions suivantes sont alors vérifiées</u> :

(2.3) $X \subseteq A \cup B$;

(2.4) tout mot de $A \cup B$ ne peut avoir un facteur gauche (resp. droit) strict dans A (resp. B) ;

(2.5) $BA \subseteq A \cup B$;

(2.6) $B^* A^* \subseteq A^* \cup B^*$.

Nous prouvons maintenant la proposition suivante fondamentale pour le paragraphe 3 :

PROPOSITION 2.3 . Soit (A, B) une bissection de X^* . Tout mot f de $(A \cup B) \backslash X$ s'écrit de manière unique sous la forme

(2.7) $$f = ba \text{ avec } b \in B \text{ et } a \in A .$$

Soit $f \in (A \cup B) \backslash X$ et x la première lettre de f . D'après (2.3) et (2.4) la lettre x est dans B . On peut alors définir b comme le plus long facteur gauche strict de f appartenant à B . Notons $f = ba$ avec $a \in X^+$. Soit $a = a_1 \dots a_p b_1 \dots b_q$ l'écriture de a selon (2.1) . D'après (2.4) on a $q = 0$. D'après (2.5) et la définition de b , il vient $ba_1 = f$, $p = 1$ et $a = a_1 \in A$.

Supposons maintenant données deux écritures de f sous la forme (2.7) :

$$f = ba = b'a' \quad \text{avec} \quad a, a' \in A \quad \text{et} \quad b, b' \in B .$$

Supposons par exemple $|b| \leq |b'|$. Il vient $b' = bx$ et $a = xa'$ avec $x \in X^*$. Notons $x = \alpha\beta$ avec $\alpha \in A^*$ et $\beta \in B^*$. La propriété (2.4) prouve $\alpha = e$ et $\beta = e$.

C.Q.F.D.

REMARQUE 2.2 . On pourrait aussi déduire cette proposition en utilisant la notion de série caractéristique d'une partie A de X^*. A toute partie A de X^*, on associe la série $\underline{\underline{A}} = \sum_{f \in A} f$ de l'algèbre associative $\mathbb{K}\langle\langle X \rangle\rangle$, algèbre des séries formelles en variables non commutatives X sur l'anneau $\mathbb{K}$, qui est aussi l'algèbre large du monoïde libre X^*. On appelle $\underline{\underline{A}}$ la <u>série caractéristique</u> de A.

Si $\mathbb{K} = \mathbb{Z}$, ou plus généralement si $\mathbb{K}$ est un anneau de caractéristique non nulle, le couple (A, B) est une bissection de X^* ssi on a l'égalité des séries formelles :

(2.8) $$(1 - \underline{\underline{X}})^{-1} = (1 - \underline{\underline{A}})^{-1} (1 - \underline{\underline{B}})^{-1} ,$$

ce qui équivaut à :

(2.9) $$\underline{\underline{B}}\,\underline{\underline{A}} + \underline{\underline{X}} = \underline{\underline{A}} + \underline{\underline{B}} .$$

D'où la proposition 2.3 et aussi les conditions (2.3) et (2.5).

Nous donnons maintenant une construction générale des bissections de X^*. Celle-ci repose sur la proposition suivante :

PROPOSITION 2.4 . <u>Soient</u> A <u>et</u> B <u>deux parties non vides de</u> X^+. <u>Alors</u> (A, B) <u>est une bissection de</u> X^* <u>ssi les quatre conditions suivantes sont vérifiées</u> :

(i) $X \subseteq A \cup B$;

(ii) $A \cap B = \emptyset$;

(iii) $B\,A \subseteq A \cup B$;

(iv) $(A \cup B) \subseteq X \cup B\,A$.

D'après les propositions 2.2 et 2.3 , ces conditions sont nécessaires.

Nous montrons qu'elles sont suffisantes grâce aux lemmes suivants.

LEMME 2.1 .

$$B^* A \subseteq A \cup B^* .$$

Ce lemme se démontre aisément par récurrence sur la longueur des mots de B^* et en utilisant la condition (iii) .

LEMME 2.2 .

$$X^* \subseteq A^* B^* .$$

Ce lemme se démontre aisément par récurrence sur la longueur des mots de X^* , en utilisant la condition (i) et le lemme 2.1 .

LEMME 2.3 . Tout facteur droit d'un mot f de A est dans A^* . Tout facteur gauche d'un mot f de B est dans B^* .

La propriété est vraie pour tout mot de $A \cap X$. Supposons la vraie pour tous les mots de A de longueur $\leq n$ et soit $f \in A \cap X^{n+1}$. D'après (iv), on peut écrire $f = b_1 a_1$, $a_1 \in A$, $b_1 \in B$ et de proche en proche on arrive à :

$$f = b_k a_k a_{k-1} \dots a_1 \quad \text{avec} \quad b_k \in B \cap X \ , \quad a_i \in A \quad (1 < i \leq k) .$$

Tout facteur droit propre de f est de la forme $u = u_p a_{p-1} \dots a_1$ avec $1 \leq p \leq k$ et u_p facteur droit de a_p . D'après l'hypothèse de récurrence, on a $u_p \in A^*$. Par récurrence, on obtient la première partie du lemme et par symétrie le lemme.

LEMME 2.4 . $B \cap A^* = \emptyset$, $A \cap B^* = \emptyset$.

Supposons que tous les mots de X^* de longueur $\leq n$ n'appartiennent ni à $B \cap A^*$ ni à $A \cap B^*$. Soit $f \in X^{n+1} \cap B \cap A^*$. Ecrivons $f = a_1 a_2 \dots a_p$, $a_i \in A$ $(1 \leq i \leq p)$. D'après (ii), on a $p \geq 2$. D'après le lemme 2.3 , $a_1 \in B^*$, ce qui est contraire à l'hypothèse de récurrence. Ainsi $X^{n+1} \cap A^* \cap B = \emptyset$ et par symétrie $X^{n+1} \cap A \cap B^* = \emptyset$. Pour $n = 1$, l'hypothèse de récurrence est en fait la condition (ii) . On a ainsi le lemme.

LEMME 2.5 .

$$A^* \cap B^* = \{e\} .$$

C'est une conséquence directe des lemmes 2.3 et 2.4 .

LEMME 2.6 . <u>L'ensemble</u> A <u>est la base de</u> A^* <u>et</u> B <u>celle de</u> B^* .

D'après le lemme 2.3 , A^* et B^* sont des sous-monoïdes libres de X^* . Il suffit donc de démontrer que A (resp. B) est le système minimal de générateurs de A^* (resp. B^*) .

Supposons : $\forall f \in X^*$, $|f| \leq n$, $f \notin A \cap A^2 A^*$. Soit $f \in A \cap X^{n+1}$ tel que $f = a_1 a_2 \dots a_p$, $a_i \in A$, $p \geq 2$. D'après (iv) on peut écrire $f = ba$ avec $a \in A$, $b \in B$. D'après les lemmes 2.3 et 2.4 , a_1 ne peut être facteur gauche de b . Notons $a_1 = bu$ avec $u \in X^+$. D'après le lemme 2.3 , $a = u a_2 \dots a_p$ est un élément de $A^2 A^*$, ce qui contredit l'hypothèse de récurrence.

La propriété étant évidemment vraie pour f de longueur 1 , on prouve par récurrence que A est la base de A^* . Par symétrie, on a le lemme.

Les lemmes 2.2 , 2.3 , 2.5 et la proposition 2.1 montrent que A^* et

B^* sont deux sous-monoïdes vérifiant la condition (2.2). Le lemme 2.6 termine alors la preuve de la proposition 2.4.

REMARQUE 2.3. La factorisation de tout $f \in (A \cup B)\backslash X$ selon (2.7) est alors unique, ce qui a priori n'était pas évident. Les conditions (i), (ii), (iii), (iv) et l'unicité de cette factorisation établissent l'égalité (2.9), c'est-à-dire que (A, B) est une bissection de X^*. Toutefois démontrer directement l'unicité de la factorisation (2.7) nécessite les lemmes précédents.

Nous pouvons maintenant donner une construction générale des bissections de X^*. Cette construction est plus commode pour la suite de ce travail que celle donnée en [Sc, 65] par M.-P. Schützenberger. Nous retrouvons aussi un théorème de [Sc, 65].

THÉORÈME 2.1. <u>Soit</u> (P, Q) <u>une partition de</u> X^+ <u>telle que</u> $P \cap X \neq \emptyset$ <u>et</u> $Q \cap X \neq \emptyset$. <u>Alors il existe un couple unique de parties de</u> X^+ <u>tel que</u> :

$$A \subseteq P \ , \quad B \subseteq Q \quad \text{et} \quad (A, B)$$

<u>est une bissection de</u> X^*. <u>De plus</u> A <u>et</u> B <u>sont donnés par la récurrence</u> :

$$A_1 = X \cap P \ , \qquad B_1 = X \cap Q$$
$$A_{n+1} = (B_n A_n \cap P) \cup A_n \ , \qquad B_{n+1} = (B_n A_n \cap Q) \cup B_n$$
$$A = \bigcup_{n \geq 1} A_n \ , \qquad B = \bigcup_{n \geq 1} B_n \ .$$

Soit donc (P, Q) une partition de X^+. Les ensembles A et B définis par la récurrence ci-dessus vérifient les conditions (i), (ii), (iii) et (iv) de la proposition 2.4. Si A et B sont non vides, c'est-à-dire si $X \cap P = A_1 \neq \emptyset$ et $X \cap Q = B_1 \neq \emptyset$, alors (A, B) est une bissection de X^* avec $A \subseteq P$ et $B \subseteq Q$.

Soit maintenant (A', B') une bissection de X^* telle que $A' \subseteq P$ et

$B' \subseteq Q$. On a $A' \cap X = A_1$ et $B' \cap X = B_1$. Il est alors aisé de vérifier par récurrence que $A_n \subseteq A'$ et $B_n \subseteq B'$. Ainsi $A \subseteq A'$ et $B \subseteq B'$.

Mais si deux bissections (A, B) et (A', B') de X^* sont telles que $A \subseteq A'$ et $B \subseteq B'$, il est alors aisé de prouver que $A = A'$ et $B = B'$.

C. Q. F. D.

On peut formuler de manière légèrement différente le théorème 2. 1 :

THÉORÈME 2. 1 bis (Construction des bissections). Soient (A_n) et (B_n) des suites de parties de X^+ vérifiant la récurrence :

(A_1, B_1) est une partition de X en parties non vides ;

$\forall n \geq 1$, (A_{n+1}, B_{n+1}) est une partition de

$$B_n \overline{A_{n-1}} \cup \overline{B_{n-1}} A_n \cup B_n A_n .$$

Alors en notant $A = \bigcup_{n\geq 1} A_n$ et $B = \bigcup_{n\geq 1} B_n$, (A, B) est une bissection de X^*. Les A_n (resp. B_n) forment une partition de A (resp. B). De plus, toute bissection de X^* s'obtient par cette construction.

REMARQUE 2.4 . Les suites (A_n) et (B_n) du théorème 1 correspondent aux suites notées ici

$$\bar{A}_n = \bigcup_{1\leq i\leq n} A_i \quad \text{et} \quad \bar{B}_n = \bigcup_{1\leq i\leq n} B_i .$$

EXEMPLE 2.4 . Donnons un exemple de la construction du théorème 1 bis. Soit $X = \{a, b\}$ et construisons les cinq premiers termes des suites A_n et B_n, pour une bissection possible de X^*.

B_1	b	a	A_1
B_2	ba		A_2
B_3		baa	A_3
B_4	bbaa	babaa	A_4
B_5	bbaabaa bbabaa bababaa	bbaaa bbaababaa	A_5
...	....	....	...
	B	A	

EXEMPLE 2.5 . Nous pouvons maintenant facilement retrouver la bissection de l'exemple 2.2 . Elle correspond à la construction suivante :

	B	A	
B_1	b	a	A_1
B_2		ba	A_2
B_3	b^2a		A_3
B_4		b^2a^2 $b^2a\,b\,a$	A_4
B_5		$b^3\,a^2$ $b^3\,a\,b\,a$ $b^2a\,b^2\,a^2$ $b^2a\,b^2\,a\,b\,a$	A_5
		....	

On poursuit la construction du théorème 1 bis avec $B_n = \emptyset$ pour $n \geq 5$ et on trouve ainsi :

$$B = \{b, b^2 a\}$$
$$A = \{a, ba\} \cup B^* A_4 .$$

La bissection de l'exemple 2.1 est vraiment la plus simple de toutes : $B_n = \emptyset$ pour $n \geq 2$.

2. Bissections et bascules.

Afin de pouvoir démontrer au paragraphe suivant le théorème principal de ce chapitre, nous sommes amenés, à élargir la notion de bissection par celle de bascule. Ce paragraphe ne sert donc que de préliminaire au suivant. En fait les bascules interviennent aussi dans un tout autre domaine, à savoir la théorie des langages et des automates. Le lecteur se reportera à [Vi, 74] .

DÉFINITION 2.2 . Une bascule est un triplet $T = (A, B, \varphi)$ dans lequel A et B sont deux ensembles disjoints et φ une application de $B \times A$ dans $A \cup B$.

Pour $a \in A$, $b \in B$, nous noterons $\varphi(b, a)$ par $\langle b, a \rangle$ lorsque aucune confusion n'est à craindre.

DÉFINITION 2.3 . Soient $T = (A, B, \varphi)$ et $T' = (A', B', \varphi')$ deux bascules. Un morphisme $f : T \to T'$ est une application de $A \cup B$ dans $A' \cup B'$ telle que $f(A) \subseteq A'$, $f(B) \subseteq B'$ et

$$\forall a \in A , \forall b \in B , \quad f(\langle b, a \rangle) = \langle f(b) , f(a) \rangle .$$

Nous pouvons ainsi parler de la catégorie des bascules. Une sous-bascule de $T = (A, B, \varphi)$ est définie par la donnée de deux parties $U \subseteq A$, $V \subseteq B$ telles que $\langle V, U\rangle = \{\langle v, u\rangle , v \in V , u \in U\} \subseteq U \cup V$. On identifiera la sous-bascule avec le couple (U, V) .

On peut définir "l'intersection" d'une famille de sous-bascules $(T_i = (A_i, B_i), i \in I)$ de T comme la sous-bascule $T' = (\bigcap_i A_i , \bigcap_i B_i)$. On peut alors parler de la bascule engendrée par une partie X de $A \cup B$. Celle-ci se construit par récurrence : $T_1(X) = X$,

$$T_{n+1}(X) = \{u \in A \cup B, u = \langle b, a\rangle \text{ avec } b \in B \cap T_p(X), a \in A \cap T_q(X), p+q = n+1\} .$$

En notant $T(X) = \bigcup_{n\geq 1} T_n(X)$, la sous-bascule engendrée par X est alors le couple $(A \cap T(X) , B \cap T(X))$. Les éléments de $T_n(X)$ seront appelés des X-produits de bascule de degré n .

Une congruence σ de bascule est définie par la donnée d'une relation d'équivalence sur $A \cup B$ saturant A et B et telle que : $\forall a', a'' \in A$, $\forall b'$, $b'' \in B$, $a' \sigma a''$ et $b' \sigma b'' \Rightarrow \langle b', a'\rangle \sigma \langle b, a\rangle$. On a immédiatement la notion de bascule quotient T/σ .

Soit $T = (A, B, \varphi)$ et $T' = (A', B', \varphi')$ deux bascules et f un morphisme $f : T \to T'$. Le couple $(f(A), f(B))$ est une sous-bascule de T' : c'est l'image $f(T)$ de la bascule T selon f . De même on définit la notion d'image réciproque d'une sous-bascule de T' selon f . Les morphismes injectifs (resp. surjectifs, resp. isomorphismes) de bascules (en tant que catégorie) correspondent aux cas où l'application f est injective (resp. surjective, resp. bijective) .

EXEMPLE 2.6 . Soit (A, B) une bissection du monoïde libre X^* . Soit φ la restriction du produit de X^* à $B \times A$. D'après la proposition 2.2 le triplet $T = (A, B, \varphi)$ est une bascule.

Nous identifierons la bascule $T = (A, B, \varphi)$ avec la bissection (A, B). Nous dirons qu'une bascule $T = (A, B, \varphi)$ est une <u>bascule libre</u> ssi T peut être identifiée à une bissection de monoïde libre.

NOTATION . Soit $T = (A, B, \varphi)$ une bascule. Nous notons par $Mo(T)$ le monoïde ayant $A \cup B$ comme générateurs et défini par les relations :

$$\forall a \in A, \quad \forall b \in B \qquad b.a = \langle b, a \rangle .$$

Il est aisé de vérifier que $Mo(T)$ est le monoïde ayant comme ensemble sous-jacent $A^* \times B^*$ et dont le produit est défini de la façon suivante.

Nous étendons d'abord l'application φ en une application $\varphi^* : B^* \times A^* \to A^* \cup B^*$ par la récurrence :

$$\begin{aligned}
&\forall a_1, \ldots a_p \in A, \quad \forall b_1, \ldots, b_q \in B, \\
&\varphi^*(b_1 \ldots b_q, e) = b_1 \ldots b_q \\
&\varphi^*(e, a_1 \ldots a_p) = a_1 \ldots a_p \\
&\varphi^*(b_1 \ldots b_q, a_1 \ldots a_p) = \varphi^*(b_1 \ldots b_{q-1} \langle b_q, a_1 \rangle, a_2 \ldots a_p) \text{ si } \langle b_q, a_1 \rangle \in B \\
&\qquad\qquad = \varphi^*(b_1 \ldots b_{q-1}), \langle b_q, a_1 \rangle a_2 \ldots a_p) \text{ si } \langle b_q, a_1 \rangle \in A.
\end{aligned} \tag{2.10}$$

Le produit de $Mo(T)$ est alors défini par :

$$\begin{aligned}
&\forall \alpha, \alpha' \in A^*, \quad \forall \beta, \beta' \in B^*, \\
&(\alpha, \beta).(\alpha', \beta') = (\alpha\, \varphi^*(\beta, \alpha'), \beta') \text{ si } \varphi^*(\beta, \alpha') \in A^* \\
&\qquad\qquad = (\alpha, \varphi^*(\beta, \alpha')\, \beta') \text{ si } \varphi^*(\beta, \alpha') \in B^* .
\end{aligned} \tag{2.11}$$

L'application $T \to Mo(T)$, ainsi qu'une correspondance évidente sur les morphismes, définissent un foncteur de la catégorie des bascules dans celle des monoïdes.

Lorsque la bascule T est une bissection de X^* , alors Mo(T) est isomorphe à X^* . Cette propriété est évidemment caractéristique :

LEMME 2.7 . Une bascule T est libre ssi Mo(T) est un monoïde libre.

En vue de caractériser algébriquement les bascules libres, nous posons la définition :

DÉFINITION 2.4 . On appelle base d'une bascule $T=(A , B, \varphi)$ toute partie X de $A \cup B$ vérifiant les deux conditions :

(i) T est engendrée par X ;

(ii) tout élément de X ne peut être un X-produit de bascule de degré ≥ 2 .

Remarquons qu'une bascule T admet au plus une base et que celle-ci est alors un système minimal de générateurs de T .

On peut alors énoncer :

PROPOSITION 2.5 . Une bascule $T = (A, B, \varphi)$ est libre ssi T vérifie les deux conditions :

(2.12) T admet une base ;

(2.13) $\forall a, a' \in A , \forall b, b' \in B , \langle b, a\rangle = \langle b', a'\rangle \Leftrightarrow a = a'$ et $b = b'$.

Ces conditions sont évidemment nécessaires.

Réciproquement, soit $T = (A, B, \varphi)$ une bascule vérifiant (2.13) et ayant une base $X = A_1 \cup B_1$ $(A_1 \subseteq A , B_1 \subseteq B)$. Le monoïde Mo(T) admet X comme système de générateurs. Démontrons que tout élément f de Mo(T) admet une factorisation unique comme produit d'éléments de X . Cela revient à le démontrer pour $f \in A \cup B$. Notons d'abord le lemme qu'il est aisé de démontrer par récurrence :

LEMME 2.8 . Soit $T = (A, B, \varphi)$ une bascule, $X \subseteq A \cup B$, $f \in Mo(T)$ et $f = x_1 x_2 \dots x_p$ une factorisation (sur $Mo(T)$) de f en produit d'éléments x_i de X. Alors si $f \in A \cup B$, f est un X-produit de bascule et f s'écrit sous la forme :

$$f = \langle b, a \rangle \ , \quad b = x_1 \dots x_i \in B \ , \quad a = x_{i+1} \dots x_p \in A \ , \quad 1 \leq i < p \ .$$

Supposons que tout $f \in A \cup B$ admette au plus une factorisation comme produit d'éléments de X en nombre $\leq n$. Soient deux factorisations de $f \in A \cup B$, $f = x_1 \dots x_p = x'_1 \dots x'_q$, avec $p, q \leq n+1$ et $x_i, x'_j \in X$. Si $p = 1$, $q \neq 1$, ou si $p \neq 1$, $q = 1$, on aurait, d'après le lemme 2.8 une contradiction avec la condition (2.12). Lorsque $p, q \geq 2$, d'après ce même lemme, l'hypothèse de récurrence, et la condition (2.13), il vient $p = q$ et $x_i = x'_i$ $(1 \leq i \leq p)$. Ainsi par récurrence, on démontre que $Mo(T)$ est isomorphe à X^*, ce qui termine la preuve grâce au lemme 2.7 .

C.Q.F.D.

Nous aurons aussi besoin de la proposition suivante :

PROPOSITION 2.6 . Soit $S = (U, V, \psi)$ une bascule, X un ensemble et f une application $f : X \to U \cup V$. Alors il existe une et une seule bascule libre T, bissection de X^*, telle qu'il existe un morphisme $F : T \to S$ prolongeant f. De plus ce morphisme est unique.

Pour tout $u \in U$, $v \in V$, on construit les parties A_u et B_v de X^+ par la récurrence suivante :

$$A_{u,1} = f^{-1}(u) \quad , \quad B_{v,1} = f^{-1}(v)$$

(2.14)

$$A_{u,n+1} = \bigcup_{\substack{i+j=n+1 \\ u'\in U,\, v'\in V \\ \langle v', u'\rangle = u}} (X^{n+1} \cap B_{v',i}\, A_{u',j})$$

(définition similaire pour $B_{v,n+1}$) et

$$A_u = \bigcup_{n\geq 1} A_{u,n} \quad , \quad B_v = \bigcup_{n\geq 1} B_{v,n} \; .$$

Notons :

$$A = \bigcup_{u\in U} A_u \quad \text{et} \quad B = \bigcup_{v\in V} B_v \; .$$

Grâce au théorème 2.1, on vérifie par récurrence que $A_{u,n+1} \cap B_{v,n+1} = \emptyset$ pour tout $u \in U$, $v \in V$ et que (A, B) est une bissection de X^*. De plus les A_u, $u \in U$, et B_v, $v \in V$, forment une partition de $A \cup B$. Définissons $F : T = (A, B) \to S$ par la condition que pour $a \in A$ (resp. $b \in B$), $F(a)$ est l'unique $u \in U$ tel que $a \in A_u$ (resp. $F(b)$ est l'unique $v \in V$ tel que $b \in B_v$). On vérifie par récurrence que F est un morphisme de bascule, qui prolonge f, et que ce prolongement est unique. L'unicité de la bascule (A, B) vérifiant les conditions de la proposition se démontre aisément par récurrence.

C.Q.F.D.

EXEMPLE 2.7 . La bissection $T = (A, B)$ de l'exemple 2.3 définie par un morphisme $\mu : X^* \to \mathbb{R}$ est, en tant que bascule, l'image réciproque de la bascule $S = (U, V, \psi)$ avec :

$$q = \sup_{x\in X} (\mu x) \quad , \quad U = [0, q] \, ,$$

$$p = \inf_{x\in X} (\mu x) \quad , \quad V = [p, 0[\; .$$

L'application ψ est la restriction de l'addition à $[p, q]$.

REMARQUE 2.5 . Dans le cas où $U \cup V$ est fini, les séries caractéristiques $\underline{\underline{A}}$ et $\underline{\underline{B}}$ sont solutions dans $\mathbb{Z}\langle\langle X\rangle\rangle$ d'un système d'équations en les inconnues $\underline{\underline{A_u}}$ et $\underline{\underline{B_v}}$:

$$(2.15)\qquad \begin{array}{ll} \underline{\underline{A}} = \sum\limits_{u\in U} \underline{\underline{A_u}} & \underline{\underline{B}} = \sum\limits_{v\in V} \underline{\underline{B_v}} \\ \underline{\underline{A_u}} = \sum\limits_{\langle v', u'\rangle = u} \underline{\underline{B_{v'}}}\ \underline{\underline{A_{u'}}} + \underline{\underline{A_{u,1}}} & \underline{\underline{B_v}} = \sum\limits_{\langle v', u'\rangle = v} \underline{\underline{B_{v'}}}\ \underline{\underline{A_{u'}}} + \underline{\underline{B_{v,1}}} \end{array}$$

On peut d'ailleurs vérifier directement dans ce cas la relation (2.9)

$$\underline{\underline{B}}\,\underline{\underline{A}} + \underline{\underline{X}} = \underline{\underline{A}} + \underline{\underline{B}}\ .$$

3. Bascules et algèbres de Lie libres.

Le but de ce paragraphe est de démontrer un résultat préliminaire fondamental pour la suite de ce travail (théorème 2.2) et dont l'énnoncé nous avait été communiqué par Schützenberger. A toute bissection (A, B) de X^*, nous associons une décomposition du module L(X) en somme directe de deux sous-algèbres de Lie, les familles basiques étant des ensembles d'alternants en bijection respectivement avec A et B . Ce théorème généralise le théorème d'élimination de Lazard (Proposition 1.1) . Celui-ci correspond en effet aux bissections pour lesquelles B est réduit à une seule lettre. Les notions de prolongement de dérivation et de produit semi-direct utilisées dans la preuve du théorème d'élimination sont remplacées ici par celles de bascule et d'algèbre de Lie associée à une bascule.

A toute bascule T , nous associons une algèbre associative $\mathbb{K}\langle T\rangle$ par la proposition suivante :

PROPOSITION 2.7 . Soit $T = (A, B, \varphi)$ une bascule. Il existe une et une seule algèbre associative, notée $\mathbb{K}\langle T \rangle$, ayant pour module sous-jacent $\mathbb{K}\langle A \rangle \otimes \mathbb{K}\langle B \rangle$ (c'est-à-dire le module sous-jacent à l'algèbre du monoïde $A^* \times B^*$), dont le produit $x.y$ prolonge ceux de $\mathbb{K}\langle A \rangle$ et $\mathbb{K}\langle B \rangle$ et vérifie les deux conditions :

(2.16) $\quad \forall \alpha \in A^*, \quad \forall \beta \in B^* \qquad \alpha.\beta = \alpha \otimes \beta$

(2.17) $\quad \forall a \in A, \quad \forall b \in B \qquad b.a = a \otimes b + \langle b, a \rangle$

(en identifiant α et $\alpha \otimes 1$, β et $1 \otimes \beta$).

La preuve repose sur le lemme suivant :

LEMME 2.9 . Soit $T = (A, B, \varphi)$ une bascule et $Y = A \cup B$. Il existe un et un seul endomorphisme P du module $\mathbb{K}\langle Y \rangle$ tel que :

(2.18) P laisse stable les éléments de $A^* B^*$.

(2.19) $\forall u, v \in Y^*, \quad \forall a \in A, \quad \forall b \in B, \quad P(ubav) = P(uabv) + P(u\langle b, a\rangle v)$.

Pour $a \in A$, $b \in B$, $f \in Y^*$, notons $\nu_{b,a}(f)$ le nombre de factorisations distinctes de f de la forme $f = f_1 b f_2 a f_3$ $(f_1, f_2, f_3 \in Y^*)$. Notons $\nu(f)$ le nombre $[\nu(f) = \sum_{a \in A, b \in B} \nu_{b,a}(f)]$. Pour $u, v \in Y^*$, on a :

(2.20) $\qquad \nu(ubav) = \nu(uabv) + 1$.

Une récurrence sur l'indice $\nu(f)$, puis sur la longueur des mots, prouve que P est univoquement déterminé.

Réciproquement, soit P l'opérateur défini par les trois conditions (2.21) (2.22), (2.23) suivantes :

(2.21) $P(f) = f$ pour tout $f \in A^*B^*$.

(2.22) Supposons $P(f)$ défini pour tout $f \in Y^*$, $|f| \leq n$. Soit $f \in Y^*$, $|f| = n+1$. Si $\nu(f) = i \geq 1$, f s'écrit de manière unique $f = ubav$, avec $u \in A^*B^*$, $a \in A$, $b \in B$, $v \in Y^*$. Alors définissons $P(f)$ par

$$P(f) = P(uabv) + P(u\langle b,\ a\rangle v) .$$

Ainsi $P(f)$ est déterminé par récurrence sur i (d'après (2.20).

(2.23) Par récurrence sur n maintenant, puis par extension par linéarité sur le module $\mathbb{K}\langle Y\rangle$, P est défini sur $\mathbb{K}\langle Y\rangle$.

Il est clair que P est un projecteur sur le sous-module de $\mathbb{K}\langle Y\rangle$ de base A^*B^*, isomorphe à $\mathbb{K}\langle A\rangle \otimes \mathbb{K}\langle B\rangle$. Par récurrence sur νu et $|u|$, on peut vérifier :

(2.24) $\forall u,\ v \in Y^*$, $P(P(u)v) = P(uv)$.

Soient $u,\ v \in Y^*$, $a \in A$, $b \in B$, $f = ubav$ et notons $P(u) = \sum_i u_i$ avec $u_i \in A^*B^*$. On a successivement, en utilisant (2.22), (2.23) et (2.24) :

$$\begin{aligned}
P(f) &= P(P(u)bav)\\
P(f) &= \sum_i P(u_i abv) + \sum_i P(u_i\ \langle b,\ a\rangle v)\\
P(f) &= P(P(u)abv) + P(P(u)\ \langle b,\ a\rangle v)\\
P(f) &= P(uabv) + P(u\ \langle b,\ a\rangle v) .
\end{aligned}$$

Ainsi P vérifie (2.19) et le lemme est démontré. En somme le calcul de $P(f)$ ne dépend pas de la façon dont on effectue les "retournements" ba.

Démontrons maintenant la proposition 2.7. En identifiant le module

$\mathbb{K}\langle A\rangle \otimes \mathbb{K}\langle B\rangle$ avec le sous-module de $\mathbb{K}\langle Y\rangle$ de base A^*B^*, le produit $x.y$ de $\mathbb{K}\langle A\rangle \otimes \mathbb{K}\langle B\rangle$ vérifie les conditions de l'énoncé ssi :

$$(2.25) \qquad \forall u,\ v \in \mathbb{K}\langle A\rangle \otimes \mathbb{K}\langle B\rangle \ , \quad u.v = P(uv) \ .$$

Ce produit est bien associatif car, d'après (2.24) et la condition duale de (2.24) :

$$\forall u,\ v,\ w \in \mathbb{K}\langle Y\rangle \ , \ P(P(uv)w) = P(uP(vw)) = P(uvw) \ .$$

C.Q.F.D.

REMARQUE 2.6 . En fait il est clair que $\mathbb{K}\langle T\rangle$ est isomorphe à l'algèbre associative ayant $A \cup B$ comme générateurs, liés par les relations

$$\forall a \in A,\ \forall b \in B,\ \ ba-ab = \langle b,\ a\rangle \ .$$

Soient $T = (A, B, \varphi)$ et $T' = (A', B', \varphi')$ deux bascules, i et i' les injections canoniques $i : A \cup B \to \mathbb{K}\langle T\rangle$ et $i' : A' \cup B' \to \mathbb{K}\langle T'\rangle$. A tout morphisme $f : T \to T'$, on associe le morphisme $\mathbb{K}\langle f\rangle$, unique morphisme d'algèbre associative rendant le diagramme suivant commutatif :

$$\begin{array}{ccc} T & \xrightarrow{\ f\ } & T' \\ i \downarrow & & \downarrow i' \\ \mathbb{K}\langle T\rangle & \xrightarrow{\mathbb{K}\langle f\rangle} & \mathbb{K}\langle T'\rangle \end{array}$$

Les applications $T \to \mathbb{K}\langle T\rangle$ et $f \to \mathbb{K}\langle f\rangle$ définissent un foncteur de la catégorie des bascules dans celle des algèbres associatives. Enfin $\mathbb{K}\langle f\rangle$ est injective (resp. surjective, resp. bijective) ssi f l'est aussi.

La proposition 2.7 permet de démontrer la proposition suivante :

PROPOSITION 2.8 . *Soit* $T = (A, B, \varphi)$ *une bascule. Il existe une et une seule algèbre de Lie, notée* $L(T)$, *ayant pour module sous-jacent* $L(A) \oplus L(B)$ *et dont le produit de Lie* $[x, y]$ *prolonge ceux de* $L(A)$ *et* $L(B)$ *et vérifie* :

(2.26) $$\forall a \in A, \quad \forall b \in B, \quad [b, a] = \langle b, a \rangle .$$

De plus $\mathbb{K}\langle T \rangle$ *est l'algèbre enveloppante de* $L(T)$.

Soit $\mathfrak{G}$ une algèbre de Lie dont le module sous-jacent est $L(A) \oplus L(B)$, et dont le produit de Lie prolonge ceux de $L(A)$ et $L(B)$. On a alors $\forall \alpha_1, \alpha_2 \in L(A)$, $\forall \beta_1, \beta_2 \in L(B)$,

(2.27) $$[[\beta_1, \beta_2], \alpha_1] = [\beta_1, [\beta_2, \alpha_1]] - [\beta_2, [\beta_1, \alpha_1]] ;$$

(2.28) $$[\beta_1, [\alpha_1, \alpha_2]] = [[\beta_1, \alpha_1], \alpha_2] - [[\beta_1, \alpha_2], \alpha_1] .$$

Par linéarité, antisymétrie, et par récurrence sur le degré des alternants α_1, α_2 de $L(A)$ et β_1, β_2 de $L(B)$, les formules (2.27) et (2.28) prouvent que le produit de Lie $[u, v]$ de $\mathfrak{G}$ est déterminé dès qu'il l'est pour $u \in B$, $v \in A$. Nous avons ainsi l'unicité de l'algèbre de Lie vérifiant les conditions de l'énoncé.

Soit maintenant $\mathbb{K}_L\langle T \rangle$ l'algèbre de Lie associée à $\mathbb{K}\langle T \rangle$ et $\mathfrak{H}$ la sous-algèbre de Lie de $\mathbb{K}_L\langle T \rangle$ engendrée par $A \cup B$. L'algèbre $\mathfrak{H}$ contient le module $L(A) \oplus L(B)$. En fait ce module est une sous-algèbre de Lie de $\mathbb{K}_L\langle T \rangle$. Ceci est démontré grâce aux formules (2.27) et (2.28) : une récurrence sur le degré de l'alternant α de $L(A)$ prouve avec (2.28) que $(b.\alpha - \alpha b) \in L(A) \oplus L(B)$ pour tout b de B , puis une récurrence sur le degré de l'alternant β de $L(B)$ prouve avec (2.27) que $(\beta.\alpha - \alpha\beta) \in L(A) \oplus L(B)$ pour tout alternant α de $L(A)$. Ainsi $\mathfrak{H}$ est une algèbre de Lie répondant aux conditions de l'énoncé.

Enfin montrons que $\mathbb{K}\langle T \rangle$ est l'algèbre enveloppante de $L(T)$. Soit

$Y = A \cup B$, i l'injection canonique $i : Y \to \mathbb{K}\langle Y\rangle$, et j l'injection canonique $j : L(T) \to \mathbb{K}\langle T\rangle$. Soit $\mathfrak{A}$ une algèbre associative et f un morphisme de $L(T)$ dans $\mathfrak{A}_L$. Soit $f_\circ$ la restriction de f à $A \cup B$ et F l'unique morphisme d'algèbre associative rendant le diagramme suivant commutatif :

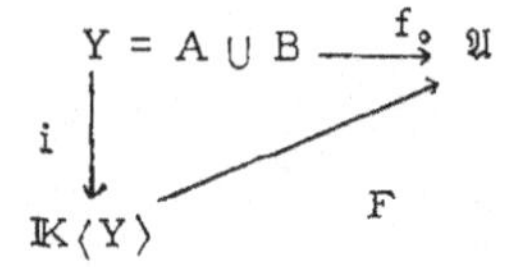

On a : $\forall a \in A$, $\forall b \in B$, $F(ba-ab) = f(b)\,f(a) - f(a)\,f(b) = f([b, a])$

$F(ba-ab) = f(\langle b, a\rangle) = F(\langle b, a\rangle)$.

Ainsi F s'annule sur l'idéal de l'algèbre $\mathbb{K}\langle Y\rangle$ engendré par les éléments $ba-ab-\langle b, a\rangle$ $(a \in A , b \in B)$. D'après la remarque 2.6 , F défini par passage au quotient, un morphisme $\overline{f} : \mathbb{K}\langle T\rangle \to \mathfrak{A}$. Ce morphisme est l'unique morphisme d'algèbre associative rendant le diagramme suivant commutatif :

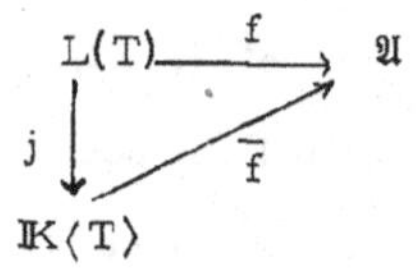

C. Q. F. D.

REMARQUE 2.7 . En fait $L(T)$ est isomorphe à l'algèbre de Lie ayant $A \cup B$ comme générateurs et définie par les relations :

$$\forall a \in A , \quad \forall b \in B , \qquad [b, a] = \langle b, a\rangle .$$

REMARQUE 2.8 . Les formules (2.27) et (2.28) permettent le calcul effectif du crochet de Lie de deux alternants de $L(A)$ et $L(B)$ respectivement. La proposition 2.8 prouve que le résultat est indépendant de la façon dont on décompose les alternants.

Soient $T = (A, B, \varphi)$ et $T' = (A', B', \varphi')$ deux bascules. Notons i et i' les injections canoniques $i : A \cup B \to L(T)$, $i' : A' \cup B' \to L(T')$. Pour tout morphisme $f : T \to T'$, il existe un et un seul morphisme d'algèbre de Lie $L(f)$ rendant le diagramme suivant commutatif :

$$\begin{array}{ccc} T & \xrightarrow{f} & T' \\ i \downarrow & & \downarrow i' \\ L(T) & \xrightarrow{L(f)} & L(T') \end{array}$$

L'application $T \to L(T)$, $f \to L(f)$ est un foncteur de la catégorie des bascules dans celle des algèbres de Lie . Notons que f est injective (resp. surjective, resp. bijective) ssi $L(f)$ l'est aussi.

Pour la suite de ce paragraphe, nous aurons besoin des lemmes relatifs aux algèbres de Lie libres que nous rappelons ci-dessous.

LEMME 2.10 . Une algèbre de Lie $\mathfrak{G}$ est libre ssi elle admet une algèbre enveloppante libre sur un ensemble $X \subseteq \mathfrak{G}$.

LEMME 2.11 . Soit $\mathfrak{G}$ une algèbre de Lie libre, $\mathfrak{R}$ un idéal de $\mathfrak{G}$ contenu dans $[\mathfrak{G}, \mathfrak{G}]$. Alors $\mathfrak{G}/\mathfrak{R}$ est libre ssi $\mathfrak{R} = \{0\}$.

Pour démontrer ce lemme, on peut utiliser le lemme suivant (voir [Bo, 72] , exercice 8, § 2, ch. 2) .

LEMME 2.12 . Soit $\mathfrak{G}$ une algèbre de Lie libre et M un $\mathfrak{G}$-module. Alors l'espace de cohomologie $H^2(\mathfrak{G}, M)$ de degré 2 de $\mathfrak{G}$ à valeurs dans M est réduit à $\{0\}$.

Le théorème fondamental de ce paragraphe repose sur la proposition suivante :

PROPOSITION 2.9 . Soit T une bascule. Les trois conditions suivantes sont équivalentes :

(i) T est une bascule libre ;

(ii) L(T) est une algèbre de Lie libre ;

(iii) $\mathbb{K}\langle T\rangle$ est une algèbre associative libre.

Dans ce cas, si T est la bissection (A, B) du monoïde libre X^*, alors L(T) est isomorphe à L(X), $\mathbb{K}\langle T\rangle$ est isomorphe à $\mathbb{K}\langle X\rangle$.

Nous démontrons les lemmes suivants.

LEMME 2.13 . Soit $T = (A, B, \varphi)$ une bascule, $b \in B$ et α alternant de L(A). Alors la composante dans L(T) du produit $[b, \alpha]$ relativement à L(B), est une somme d'éléments de B.

D'après la relation (2.28), on a le lemme par récurrence sur $|\alpha|$.

LEMME 2.14 . Soit T une bascule libre de base X. Alors L(T) est une algèbre de Lie libre isomorphe à L(X).

Soit $\mathfrak{G}$ une algèbre de Lie, f une application $f : X \to \mathfrak{G}$ et i l'injection canonique $i : X \to L(T)$. Nous prolongeons d'abord f en une application $F : A \cup B \to \mathfrak{G}$ par la récurrence :

(2.29) $\forall u \in (A \cup B)\setminus X$, u s'écrit de manière unique u = ba (proposition 2.3), alors $F(u) = [F(b), F(a)]$.

Soit F_a (resp. F_b) la restriction de F à A (resp. B). Désignons par f_a

(resp. f_b) l'unique morphisme d'algèbre de Lie $L(A) \to \mathfrak{G}$ (resp. $L(B) \to \mathfrak{G}$) prolongeant F_a (resp. F_b). Soit $\overline{f}$ le morphisme de module $\overline{f} : L(T) \to \mathfrak{G}$ qui prolonge f_a et f_b. Pour montrer que $\overline{f}$ est un morphisme d'algèbres de Lie, il suffit de prouver la condition (2.30) suivante :

(2.30) $\forall\, \alpha$ alternant de $L(A)$, $\forall\, \beta$ alternant de $L(B)$, $\overline{f}([\beta, \alpha]) = [\overline{f}(\beta), \overline{f}(\alpha)]$.

Supposons que (2.30) soit vraie pour tout α, β avec $|\beta| \leq n$ et soit α et β alternants de $L(A)$ et $L(B)$ respectivement avec $|\beta| = n+1$. Ecrivons $\beta = [\beta', \beta'']$, β' et β'' alternants de $L(B)$. Notons

$$[\beta', \alpha] = \sum_{i\in I'} \alpha'_i + \sum_{j\in J'} \beta'_j$$

$$[\beta'', \alpha] = \sum_{i\in I''} \alpha''_i + \sum_{j\in J''} \beta''_j$$

α'_i, α''_i étant des alternants de $L(A)$, β'_j, β''_j des alternants de $L(B)$. D'après l'hypothèse de récurrence, il vient successivement :

$$[\beta, \alpha] = [\beta', [\beta'', \alpha]] - [\beta'', [\beta', \alpha]]$$

$$\overline{f}([\beta, \alpha]) = \sum_{i\in I''} [\overline{f}(\beta'), \overline{f}(\alpha''_i)] + \sum_{j\in J''} [\overline{f}(\beta'), \overline{f}(\beta''_j)]$$

$$- \sum_{i\in I'} [\overline{f}(\beta''), \overline{f}(\alpha'_i)] - \sum_{j\in J'} [\overline{f}(\beta''), \overline{f}(\beta'_j)]$$

$$\overline{f}([\beta, \alpha]) = [\overline{f}(\beta'), \overline{f}([\beta'', \alpha])] - [\overline{f}(\beta''), \overline{f}([\beta', \alpha])]$$

$$\overline{f}([\beta, \alpha]) = [\overline{f}(\beta), \overline{f}(\alpha)] .$$

Ainsi par récurrence, démontrer (2.30) revient à démontrer :

(2.31) $\forall\, \alpha$ alternant de $L(A)$, $\forall\, b \in B$, $\overline{f}([b, \alpha]) = [\overline{f}(b), \overline{f}(\alpha)]$.

Par définition de F, (2.31) est vrai pour tout $|\alpha|$ de longueur 1. Supposons (2.31) vrai pour tout alternant α de $L(A)$ de degré $\leq n$. Soit α alternant de degré n+1 de L(A), $\alpha = [\alpha', \alpha'']$, α', α'' alternants de L(A) . On a :

$$[b, \alpha] = [[b, \alpha'], \alpha''] - [[b, \alpha''], \alpha'] .$$

D'après le lemme 2.13 , on peut écrire :

$$[b, \alpha'] = \sum_{i \in I'} \alpha'_i + \sum_{j \in J'} b'_j$$

$$[b, \alpha''] = \sum_{i \in I''} \alpha''_i + \sum_{j \in J''} b''_j$$

α'_i, α''_i étant des alternants de L(A) , b'_j, b''_j des éléments de B . D'après l'hypothèse de récurrence, il vient :

$$\bar{f}([b, \alpha]) = \sum_{i \in I'} [\bar{f}(\alpha'_i), \bar{f}(\alpha'')] + \sum_{j \in J'} [\bar{f}(b'_j), \bar{f}(\alpha'')]$$

$$- \sum_{i \in I''} [\bar{f}(\alpha''_i), \bar{f}(\alpha')] - \sum_{j \in J''} [\bar{f}(b''_j), \bar{f}(\alpha')]$$

$$\bar{f}([b, \alpha]) = [\bar{f}([b, \alpha']), \bar{f}(\alpha'')] - [\bar{f}([b, \alpha'']) , \bar{f}(\alpha')]$$

$$\bar{f}([b, \alpha]) = [\bar{f}(b), \bar{f}(\alpha')] .$$

L'hypothèse de récurrence est vérifiée et $\bar{f}$ est un morphisme d'algèbre de Lie tel que $\bar{f} \circ i = f$. On vérifie aisément que c'est le seul.

LEMME 2.15 . <u>Soit</u> T = (A, B, φ) <u>une bascule</u> . <u>Si</u> L(T) <u>est une algèbre de Lie libre, alors</u> T <u>est une bascule libre.</u>

Soit X un système minimal de générateurs (en tant que bascule) de la bascule T . Supposons qu'un élément h de X soit un X-produit de bascule de degré ≥ 2 . On peut donc trouver deux mots non vides $a_1 \dots a_p \in A^*$ et $b_1 \dots b_q \in B^*$ tels que $h = \varphi^*(b_1 \dots b_q , a_1 \dots a_p)$ (voir la définition de φ^* en (2.10)). Comme X est un système minimal de générateurs, h est égal à l'un des $b_i \in B$ ou des $a_j \in A$. On arrive à une contradiction en utilisant le fait que L(T) est une algèbre de Lie libre et que les produits de bascule définissant $\varphi^*(b_1 \dots b_q , a_1 \dots a_p)$ selon (2.10) deviennent ici des crochets d'algèbre de Lie dans $L(T)$. Ainsi X est une base de T (voir définition 2.4).

D'autre part, soit i l'injection canonique $i : X \to A \cup B$, et $T' = (A', B')$ la bissection de X^* définie par la proposition 2.6 relativement à i et T. La bascule T est image de T' selon un morphisme f prolongeant i. L'algèbre de Lie $L(T)$ est donc image homomorphe de $L(T')$. Soit $\mathfrak{R}$ l'idéal de $L(T')$, noyau de ce morphisme. Cet idéal est l'idéal de $L(T')$ engendré par les éléments de la forme :

$$[b_1, a_1] - [b_2, a_2] \text{ , avec } a_1, a_2 \in A', b_1, b_2 \in B' \text{ et}$$
$$\langle f(b_1), f(a_1) \rangle = \langle f(b_2), f(a_2) \rangle .$$

D'après le lemme 2.14, $L(T')$ est libre. Comme $\mathfrak{R} \subseteq [L(T'), L(T')]$, le lemme 2.11 prouve alors que f est un isomorphisme de bascule. Ainsi T est une bascule libre et le lemme est démontré.

Les lemmes 2.10, 2.14, 2.15 et la proposition 2.8 prouvent alors la proposition 2.9.

C.Q.F.D.

Nous pouvons maintenant énoncer le théorème principal de ce chapitre. Pour ceci nous introduisons les notations suivantes.

DÉFINITION 2.5 . Soit $T = (A, B)$ une bissection de X^*. On appelle <u>parenthésage</u> de T l'application $\Pi : A \cup B \to M(X)$ définie par récurrence sur la longueur des mots :

$$\forall x \in X \quad , \quad \Pi x = x \ ;$$

$\forall f \in (A \cup B) \setminus X$, $\Pi f = (\Pi b, \Pi a)$ dans lequel $a \in A$ et $b \in B$ désignent l'unique écriture de $f = ba$ sous la forme (2.7) .

Lorsqu'une confusion est à craindre nous noterons aussi Π par Π_T . Nous noterons aussi pour $f \in A \cup B$, $[f] = \psi \circ \Pi(f)$. (Rappelons que ψ est l'application canonique du magma libre $M(X)$ dans $L(X)$) .

La construction des familles d'alternants $[A]$ et $[B]$ se fait très simplement avec le théorème 1 bis donnant la construction générale des bissections.

THÉORÈME 2.2 . Soit $T = (A, B)$ une bissection du monoïde libre X^* , de parenthésage Π . Alors l'application $\psi \circ \Pi : A \cup B \to L(X)$ est injective.

Les sous-algèbres de Lie libres $\mathcal{L}(A)$ et $\mathcal{L}(B)$ de $L(X)$ engendrées respectivement par $[A] = \psi \circ \Pi(A)$ et $[B] = \psi \circ \Pi(B)$ admettent comme familles basiques $[A]$ et $[B]$. Le module $L(X)$ est la somme directe des modules $\mathcal{L}(A) \oplus \mathcal{L}(B)$.

Dans l'algèbre associative $\mathbb{K}\langle X \rangle$, les sous-algèbres associatives engendrées par $[A]$ et $[B]$ sont libres et admettent comme familles basiques respectives $[A]$ et $[B]$. Le module $\mathbb{K}\langle X \rangle$ s'identifie au produit tensoriel des modules $\mathbb{K}\langle [A] \rangle \otimes \mathbb{K}\langle [B] \rangle$.

REMARQUE 2.9 . Si B est une partie de l'alphabet X , nous retrouvons bien le théorème d'élimination de Lazard [La, 60] , énoncé dans la proposition 1.1 pour B réduit à une seule lettre. Dans ce cas (et seulement dans ce cas), $L([A])$ est un idéal de $L(X)$ et $L(X)$ est le produit semi-direct des algèbres de Lie $L([B])$ et $L([A])$.

REMARQUE 2.10 . La fin du théorème 2.2 peut s'énoncer aussi sous la forme :

tout $f \in \mathbb{K}\langle X\rangle$ s'écrit de manière unique comme somme de produits $a_1 \dots a_p b_1 \dots b_q$ avec $a_i \in [A]$, $b_j \in [B]$.

REMARQUE 2.11 . Le théorème 2.2 apparaît aussi comme une certaine forme du théorème de Poincaré-Birkoff-Witt pour les bissections.

Le théorème 2.2 sera démontré, si l'on établit les deux lemmes 2.16 et 2.17 qui suivent.

LEMME 2.16 . Soit $T = (A, B)$ une bissection de monoïde libre X^* telle que $[A] \cap [B] = \emptyset$. Alors les conclusions du théorème 2.2 sont vraies dans ce cas.

Soit $[T] = ([A], [B], \theta)$ avec θ défini par :

$$\forall [a] \in [A], \quad \forall [b] \in [B], \quad \theta([b], [a]) = [[b], [a]] .$$

Alors $[T]$ est une bascule et l'application $f = \psi \circ \Pi_T : A \cup B \to [A] \cup [B]$ est un morphisme de bascule $f : T \to [T]$.

Par définition de l'algèbre associative associée à une bascule, l'algèbre $\mathbb{K}\langle [T]\rangle$ n'est pas autre chose que $\mathbb{K}\langle X\rangle$. D'après la proposition 2.8 , $L([T])$ est une algèbre de Lie libre égale à $L(X)$. On peut écrire le diagramme commutatif suivant $(i, j, \bar{i}, \bar{j}$ désignant les injections canoniques correspondantes aux flèches) :

$$\begin{array}{ccc}
T & \to & [T] \\
i\downarrow & & \downarrow \bar{i} \\
L(T) & \overset{L(f)}{\to} & L([T]) = L(X) \\
j\downarrow & & \downarrow \bar{j} \\
\mathbb{K}\langle T\rangle & \overset{\mathbb{K}\langle f\rangle}{\to} & \mathbb{K}\langle [T]\rangle = \mathbb{K}\langle X\rangle
\end{array}$$

Le morphisme de bascule f étant surjectif, $L([T])$ est image homomorphe de l'algèbre de Lie $L(T)$. Soit $\mathfrak{R}$ le noyau du morphisme $L(f)$. Il est clair que $\mathfrak{R} \subseteq [L(T), L(T)]$. D'après la proposition 2.9, $L(T)$ est une algèbre de Lie libre. L'algèbre $L([T])$ étant aussi libre, le lemme 2.11 prouve alors que $\mathfrak{R} = \{0\}$. Ainsi f est un isomorphisme. L'application $\psi \circ \Pi_T$ est injective. Il est alors clair que les propositions 2.7 et 2.8 démontrent les conclusions du théorème 2.2.

LEMME 2.17. <u>Soit</u> $T = (A, B)$ <u>une bissection de</u> X^*. <u>Alors</u> $[A] \cap [B] = \emptyset$.

Notons $T_1 = T$. Soit $n \geq 1$ et supposons définie une suite de bissections de X^*, $T_i = (A_i, B_i)$, $1 \leq i \leq n$, vérifiant les trois conditions suivantes :

(2.32) $\forall i, \ 1 \leq i < n, \quad A_{i+1} \cap \overline{X^i} = A_i \cap \overline{X^i}, \quad B_{i+1} \cap \overline{X^i} = B_i \cap \overline{X^i}$;

(2.33) $\forall i, \ 1 \leq i \leq n, \quad \psi \circ \Pi_{T_i}(A_i \cap \overline{X^i}) \cap \psi \circ \Pi_{T_i}(B_i \cap \overline{X^i}) = \emptyset$;

(2.34) $\forall i, \ 1 \leq i < n$, si $\psi \circ \Pi_{T_i}(A_i \cap X^{i+1}) \cap \psi \circ \Pi_{T_i}(B_i \cap X^{i+1}) = \emptyset$, alors $T_{i+1} = T_i$.

D'après le théorème 2.1 bis donnant la construction des bissections de X^*, il est clair que l'on peut toujours trouver une bissection T_{n+1} de X^* telle que la suite $T_1, \ldots, T_{n+1}$ vérifie encore les conditions (2.32), (2.33) et (2.34). Par récurrence on construit ainsi une suite (T_i), $i \geq 1$ de bissections de X^*.

D'après (2.32) il existe un unique couple $T' = (A', B')$ de parties de X^+ vérifiant la condition :

(2.35) $\forall i \geq 1, \quad A' \cap \overline{X^i} = A_i \cap \overline{X^i}$ et $B' \cap \overline{X^i} = B_i \cap \overline{X^i}$.

Il est alors clair que $T' = (A', B')$ est une bissection de X^*. Par construction, on a :

(2.36) $\psi\circ\Pi_{T'}$ et $\psi\circ\Pi_{T_i}$ coïncident sur $\overline{X^i} \cap (A' \cup B')$ pour tout $i \geq 1$.

Ainsi d'après cette condition et (2.33) , la bissection $T' = (A', B')$ vérifie l'hypothèse du lemme 2.16 et donc $\psi\circ\Pi_{T'}$ est une application injective. D'après (2.34) , $T_{i+1} = T_i$ pour tout $i \geq 1$. On a bien $[A] \cap [B] = \emptyset$ et le lemme 2.17.

Les lemmes 2.16 et 2.17 prouvent le théorème 2.2 .

C.Q.F.D.

CHAPITRE III

FACTORISATIONS DES MONOÏDES LIBRES ET FAMILLES BASIQUES DES ALGÈBRES DE LIE LIBRES.

1. Factorisations des monoïdes libres.

La notion de factorisation de monoïde libre est l'objet fondamental de tout ce travail ; elle a été introduite sous sa forme générale par M.-P. Schützenberger [Sc, 65] :

DÉFINITION 3.1 . Soit $\mathfrak{F} = (Y_j,\ j \in J)$ une famille de parties non vides du demi-groupe libre X^+ engendré par X, indexée par un ensemble totalement ordonné J. Nous dirons que $\mathfrak{F}$ est une factorisation du monoïde libre X^* ssi tout mot f de X^+ admet une et une seule écriture sous la forme :

(3.1) $$f = f_1 \dots f_p\,,\quad p \geq 1\,,\quad f_i \in Y_{j_i} \text{ avec } j_1 \geq \dots \geq j_p\ .$$

EXEMPLE 3.1 . Factorisation complètes. Lorsque chaque Y_j n'a qu'un seul élément, on retrouve les factorisations complètes du chapitre I (Définition 1.4) pour lesquelles nous avons donné de nombreux exemples et constructions.

EXEMPLE 3.2 . Bissections. Lorsque l'ensemble J a exactement deux éléments, on retrouve les bissections du chapitre II .

EXEMPLE 3.3 . Factorisations de Spitzer. En liaison avec la théorie des fluctuations des sommes de variables aléatoires, F. Spitzer a défini en [Sp, 56] une factorisation d'un sous-ensemble du monoïde libre engendré par $\mathbb{R}$, qui a été étendue à tous les mots de X^* en [Sc, 65] de la façon suivante :

Soit μ un morphisme du monoïde libre X^* dans le groupe ordonné des réels additifs $\mathbb{R}$. Pour $r \in \mathbb{R}$ soit Y_r l'ensemble des mots f de X^+ tels que $\mu(f)/|f| = r$ et que $\mu(u)/|u| < r$ pour tout facteur gauche strict non vide u de f .

Soit J la partie de $\mathbb{R}$ formée des réels $r \in \mathbb{R}$ pour lesquels Y_r est non vide, et ordonnée par l'ordre induit.

Alors $\mathfrak{F} = (Y_j\ ,\ j \in J)$ est une factorisation de X^* que nous appellerons factorisation de Spitzer relativement à μ . Cette propriété est évidente avec une interprétation graphique. Un mot $f = x_1 x_2 \ldots x_n$ est représenté par une ligne brisée joignant les points $(i, \mu(x_1 \ldots x_i))$, $1 \le i \le n$ et le point $(0, 0)$. La factorisation de f sous la forme (3.1) est donnée par les points de rencontre de cette ligne brisée avec l'enveloppe convexe des points situés en dessous de la ligne.

Par exemple, soit $X = \{a, b, c\}$ et $\mu : X^* \to \mathbb{R}$ défini par :

$$\mu(a) = -1 \quad , \quad \mu(b) = 0 \quad , \quad \mu(c) = 2 \quad .$$

Le mot $f = a^2 c^2 b^3 c\ b\ a^2 b\ a$ est représenté graphiquement par :

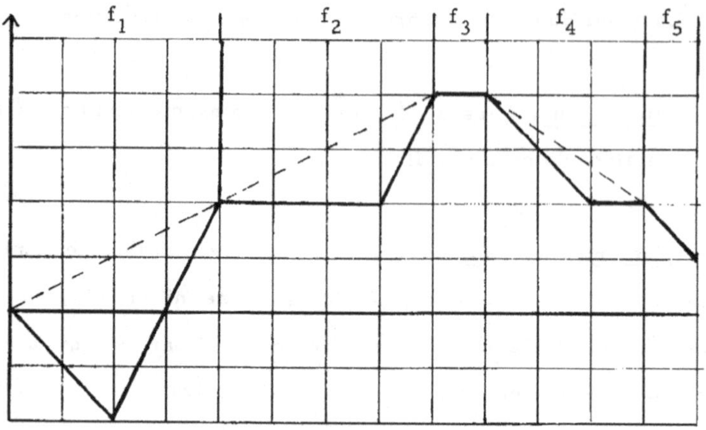

Fig. 3.1.

Le mot f s'écrit sous la forme (3.1) :

$$f = f_1\, f_2\, f_3\, f_4\, f_5 \quad \text{avec}$$
$$f_1 = a^2\, c^2 \in Y_{1/2} \;, \qquad f_2 = b^3\, c \in Y_{1/2}$$
$$f_3 = b \in Y_0 \;, \quad f_4 = a^2\, b \in Y_{-2/3} \;, \quad f_5 = a \in Y_{-1} \;.$$

Lorsque X est de cardinal 2 , toutes les factorisations de Spitzer sont alors identiques (à part la factorisation triviale $\mathfrak{F} = (X)$ correspondant à un morphisme μ dont la restriction à X est une application constante) et l'on retrouve la factorisation introduite à l'exemple 1.12 en vue de définir les bases de Spitzer-Foata.

EXEMPLE 3.4 . Eléments saillants. Soit $X = J = \{1, 2, \ldots, n\}$ et pour $j \in J$ notons Y_j l'ensemble des mots de X^* commençant par j et dont toutes les autres lettres sont strictement supérieures à j . Alors $\mathfrak{F} = (Y_j \,,\; j \in J)$ est une factorisation de X^* . Soit $f = f_1 \ldots f_p$ l'écriture d'un mot f de X^+ sous la forme (3.1) . Les premières lettres des mots f_i sont alors exactement ce que l'on appelle les éléments saillants de f , c'est-à-dire les lettres de f n'ayant aucune lettre strictement plus petite à leur gauche.

EXEMPLE 3.5 . Trissections. On trouvera dans la thèse de l'auteur [Vi, 74] une construction générale des trissections c'est-à-dire des factorisations $\mathfrak{F} = (Y_j , j \in J)$ avec $|J| = 3$.

Nous rappelons d'autres caractérisations des factorisations de monoïdes libres, dues à M.-P. Schützenberger [Sc, 65] :

PROPOSITION 3.1 . Soit $\mathfrak{F} = (Y_j , j \in J)$ une famille de parties non vides de X^+ indexées par un ensemble totalement ordonné J . La famille $\mathfrak{F}$ est une factorisation de X^* ssi elle vérifie deux des trois conditions suivantes :

- (Fa_1) Tout mot $f \in X^+$ admet au moins une factorisation sous la forme (3.1) .
- (Fa_2) Tout mot $f \in X^+$ admet au plus une factorisation sous la forme (3.1).
- (Fa_3) Toute classe de conjugaison de X^* a une intersection non vide avec un et un seul Y_j^*. De plus chaque sous-monoïde Y_j^* vérifie la condition $(\mathfrak{U}_s)$

$$\forall u, v \in X^* , \quad u v \in Y_j^* \ \underline{\text{et}} \ v u \in Y_j^* \Rightarrow u \in Y_j^* \ \underline{\text{et}} \ v \in Y_j^* .$$

NOTATIONS . Nous donnons quelques notations générales relatives à une factorisation $\mathfrak{F} = (Y_j , j \in J)$ du monoïde libre X^* .

L'ensemble totalement ordonné J sera appelé support de $\mathfrak{F}$ et noté Supp $(\mathfrak{F})$. L'ensemble des mots $\bigcup_{j \in J} Y_j$ sera appelé le contenu de $\mathfrak{F}$ et noté Cont $(\mathfrak{F})$. Les ensembles Y_j forment une partition de Cont $(\mathfrak{F})$ et nous notons $f \to \overline{f}$ l'application de Cont $(\mathfrak{F})$ sur $J = \text{Supp}(\mathfrak{F})$ définie par :

$$\overline{f} \text{ est l'unique } j \in J \text{ tel que } f \in Y_j .$$

En fait les ensembles Y_j sont des codes sur X et les sous-monoïdes libres Y_j^* seront appelés les <u>facteurs</u> de $\mathfrak{F}$. Enfin, soient $f \in X^+$ et $f = f_1 \ldots f_p$ l'unique écriture de f sous la forme (3.1). Le p-uplet $(f_1, \ldots, f_p)$ sera noté $\mathfrak{F}(f)$. Nous convenons que $\mathfrak{F}(e)$ est la suite vide.

Comme d'habitude $[n]$ désigne l'ensemble totalement ordonné des entiers $\{1, 2, \ldots, n\}$.

2. Factorisations régulières gauches et familles basiques.

Le but de ce paragraphe est de donner la généralisation de la définition 1.1 des factorisations de Lazard ainsi que du théorème 1.1 correspondant. Pour ceci nous introduisons les définitions suivantes.

DÉFINITION 3.2 . Soit $\mathfrak{F}$ une factorisation de X^*. Un <u>parenthésage</u> de $\mathfrak{F}$ est une application Π de $\mathrm{Cont}(\mathfrak{F})$ dans le magma libre $M(X)$ telle que :

(3.2) $$\forall f \in \mathrm{Cont}(\mathfrak{F}) \quad , \quad \delta \circ \Pi(f) = f \; .$$

DÉFINITION 3.3 . Soit $\mathfrak{F} = (Y_j \, , \; j \in J)$ une factorisation de X^* et, pour tout $j \in J$, soit $\mathfrak{G}_j = (Z_k, \; k \in K_j)$ une factorisation du sous-monoïde libre Y_j^*. Notons K la somme ordinale $\sum_{j \in J} K_j$. Alors il est clair que la famille $\mathfrak{G} = (Z_k, \; k \in K)$ est une factorisation de X^*. Nous dirons que $\mathfrak{G}$ est la <u>composée de</u> $\mathfrak{F}$ <u>par les factorisations</u> $\mathfrak{G}_j$.

Soit d'autre part $j_0 \in J$. Lorsque pour tout $j \in J \setminus \{j_0\}$, la factorisation $\mathfrak{G}_j$ est la factorisation triviale $\mathfrak{G}_j = (Y_j)$ de Y_j^* (c'est-à-dire $|K_j| = 1$) nous dirons encore que $\mathfrak{G}$ est la composée de $\mathfrak{F}$ par la factorisation $\mathfrak{G}_{j_0}$ de $Y_{j_0}^*$.

REMARQUE 3.1 . Il est clair que la relation "être composée de" est une relation d'ordre sur l' ensemble $\mathrm{Fac}(X)$ des factorisations de X^*. On prouverait (voir [Vi, 74]) :

- Fac(X) est un inf-demi-treillis complet.
- Une partie de Fac(X) admet une borne supérieure ssi elle est majorée.
- Fac(X) est un ensemble inductif.

Les factorisations complètes sont en fait les éléments maximaux de Fac(X).

Reprenons les factorisations $\mathcal{F} = (Y_j\ ,\ j \in J)$, $\mathcal{G}_j = (Z_k,\ k \in K_j)$ et $\mathcal{G} = (Z_k,\ k \in K)$ de la définition 3.3 . Soit $\Pi_{\mathcal{F}} : \mathrm{Cont}\ (\mathcal{F}) \rightarrow M(X)$ un parenthésage de $\mathcal{F}$ et pour tout $j \in J$, soit $\Pi_{\mathcal{G}_j} : \mathrm{Cont}\ (\mathcal{G}_j) \rightarrow M(Y_j)$ un parenthésage de $\mathcal{G}_j$. Pour $j \in J$, notons Π_j la restriction de $\Pi_{\mathcal{F}}$ à Y_j . Cette application s'étend de manière unique en un morphisme de magma $\overline{\Pi}_j$ rendant le diagramme commutatif :

$$\begin{array}{ccc} Y_j & \xrightarrow{\ \Pi_j\ } & M(X) \\ \downarrow & \nearrow_{\overline{\Pi}_j} & \\ M(Y_j) & & \end{array}$$

Soit maintenant $f \in \mathrm{Cont}\ (\mathcal{G})$ et j l'unique élément de J tel que $f \in Y_j^*$. Nous définissons :

$$\Pi(f) = \overline{\Pi}_j \circ \Pi_{\mathcal{G}_j}(f) \ . \qquad (3.3)$$

DÉFINITION 3.4 . L'application $\Pi : \mathrm{Cont}\ (\mathcal{G}) \rightarrow M(X)$ définie par (3.3) est un parenthésage de $\mathcal{G}$ et sera appelé <u>parenthésage composé de</u> $\Pi_{\mathcal{F}}$ <u>par les parenthésages</u> $\Pi_{\mathcal{G}_j}$.

EXEMPLE 3.6 . Le lecteur se repportera à l'exemple 1.12 des factorisations et bases de Spitzer-Foata.

En particulier, on peut définir des parenthésages de factorisations en composant successivement des bissections entre elles, ainsi que leurs parenthésages canoniques. Ceci nous conduit à la définition suivante :

DÉFINITION 3.5 . Soit $\mathfrak{F}$ une factorisation à n facteurs de X^*. Nous dirons que $\mathfrak{F}$ est <u>dichotomique à gauche</u> ssi il existe une suite finie $\sigma = (\mathfrak{F}_i)$, $1 \le i \le n$, de factorisations de X^* vérifiant les deux conditions :

(3.4) $\mathfrak{F}_1 = (X)$ et $\mathfrak{F}_n = \mathfrak{F}$;

(3.5) Pour tout i, $1 \le i \le n$, $\mathfrak{F}_{i+1}$ est composée de $\mathfrak{F}_i$ avec une bissection T_i de $Z^*_{m_i}$, en désignant par $Z^*_{m_i}$ le facteur de $\mathfrak{F}_i$ indexé par le plus grand élément du support de $\mathfrak{F}_i$.

REMARQUE 3.2 . Notons $\mathfrak{F} = (Y_j, j \in [n])$ et soit M_i l'ensemble des mots f de X^* s'écrivant sous la forme :

(3.6) $\mathfrak{F}(f) = (f_1, \ldots, f_p)$ avec $f_1 \in Y_{j_1}, \ldots, f_p \in Y_{j_p}$ et $j_1 \ge \ldots \ge j_p \ge i$.

Il est alors clair que $\mathfrak{F}$ est une factorisation dichotomique à gauche ssi M_i est un sous-monoïde de X^* pour tout $i \in [n]$. Dans ce cas, la suite $\sigma = (\mathfrak{F}_i)$, ainsi que les bissections T_i vérifiant les conditions (3.4) et (3.5) sont uniques et déterminées par :

M_i est un sous-monoïde libre, de base Z_i et alors $\mathfrak{F}_i = (Y_1, \ldots, Y_{i-1}, Z_i)$. La bissection T_i est la bissection (Z_{i+1}, Y_i) de Z_i^*.

La définition 3.5 exprime simplement que $\mathfrak{F}$ est obtenue par les compositions successives de bissections :

$$X^* = Z_2^* Y_1^*, \quad Z_2^* = Z_3^* Y_2^*, \ldots, Z_i^* = Z_{i+1}^* Y_i^*, \ldots, Z_{n-1}^* = Y_n^* Y_{n-1}^*.$$

Avec les mêmes notations, soit Π_{T_i} le parenthésage canonique (définition 2.5) de la bissection T_i de Z_i^*. Nous définissons un parenthésage Π_i de $\mathfrak{F}_i$ par la récurrence (3.7) :

- Π_1 est l'injection canonique $X \to M(X)$;
- Pour tout i, $1 \leq i < n$, Π_{i+1} est le parenthésage composé de Π_i par Π_{T_i}.

DÉFINITION 3.6 . Soit $\mathfrak{F}$ une factorisation dichotomique à gauche à n facteurs. L'application Π_n définie par la récurrence (3.7) sera appelée le parenthésage canonique à gauche de $\mathfrak{F}$ (ou simplement le parenthésage de $\mathfrak{F}$ lorsque aucune confusion n'est à craindre).

REMARQUE 3.3 . On définirait dualement les notions de factorisation dichotomique à droite et de parenthésage canonique à droite.

EXEMPLE 3.7 . Reprenons la factorisation $\mathfrak{F} = (Y_j, j \in [n])$ de l'exemple 3.4 relative aux éléments saillants. D'après la remarque 3.2 , $\mathfrak{F}$ est une factorisation dichotomique à gauche. En effet l'ensemble noté M_i est ici l'ensemble des mots $f \in [n]^*$ dont toutes les lettres sont des entiers supérieurs ou égaux à i . En fait, $\mathfrak{F}$ est aussi dichotomique à droite. En définissant N_i , la notion duale de M_i , on vérifie ici que N_i est l'ensemble des mots de $[n]^*$ dont la première lettre est inférieure ou égale à i , ce qui est bien un sous-monoïde.

Notons Π_g (resp. Π_d) le parenthésage canonique gauche (resp. droit) de $\mathfrak{F}$. Pour tout mot $f = x_1 \dots x_p$ de Cont ($\mathfrak{F}$) (avec $x_i \in [n]$) , on a :

$$\Pi_g(f) = (\dots((x_1, x_2), \dots , x_{p-1}), x_p) .$$

Par contre le lecteur vérifiera directement, qu'avec les définitions précédentes, pour $n = 5$ et

$f = 1\ 5\ 3\ 5\ 2\ 4\ 3\ 5\ 4 \in \mathrm{Cont}(\mathfrak{F})$

on a alors :

$$\Pi_d(f) = ((u, v), w)$$

avec

$$u = (1, 5)$$

$$v = (3, 5)$$

$$w = ((2, 4), ((3, 5), 4))$$

DEFINITION 3.7 . Soient $\mathfrak{F} = (Y_j, j \in J)$ et $\mathfrak{G} = (Z_k, k \in K)$ deux factorisations de X^*, soient $n \geq 1$ et Y une partie de X. Nous dirons que $\mathfrak{F}$ et $\mathfrak{G}$ coïncident à l'ordre (n, Y) ssi il existe une bijection croissante φ de l'ensemble totalement ordonné

$$J_{n,Y} = \{j \in J, \ Y_j \cap \overline{Y^n} \neq \emptyset\}$$

sur l'ensemble totalement ordonné

$$K_{n,Y} = \{k \in K, \ Z_k \cap \overline{Y^n} \neq \emptyset\}$$

et vérifiant la condition

$$\text{(3.8)} \qquad \forall j \in J_{n,Y}, \quad Y_j \cap \overline{Y^n} = Z_{\varphi(j)} \cap \overline{Y^n} .$$

REMARQUE 3.4 . La condition (3.8) équivaut à :

$$\text{(3.9)} \qquad \forall f \in \overline{Y^n}, \quad \mathfrak{F}(f) = \mathfrak{G}(f) .$$

DÉFINITION 3.8 . Une factorisation $\mathfrak{F}$ de X^* est dite régulière gauche ssi pour tout entier $n \geq 1$ et pour toute partie finie Y de X, il existe une factorisation dichotomique à gauche de X^* coïncidant avec $\mathfrak{F}$ à l'ordre (n, Y).

EXEMPLE 3.8 . Nous verrons avec les critères du paragraphe suivant que les factorisations de Spitzer de l'exemple 3.3 sont régulières gauches.

Lorsque X est un alphabet fini, on peut se restreindre dans les définitions 3.7 et 3.8 à $Y = X$. Lorsque de plus $\mathfrak{F}$ est une factorisation complète, le lecteur vérifiera aisément que l'on retrouve les factorisations de Lazard du chapitre I (définition 1.1).

LEMME 3.1 . Soit X fini et $\mathfrak{F}$ une factorisation complète de X^*. Alors $\mathfrak{F}$ est régulière gauche ssi $\mathfrak{F}$ est une factorisation de Lazard.

Le lemme 1.2 permettant de définir la notion de parenthésage associé à une factorisation de Lazard, se généralise aux factorisations régulières gauches :

LEMME 3.2 . Soit $\mathfrak{F}$ une factorisation régulière gauche de X^*. Il existe un et un seul parenthésage $\Pi : \mathrm{Cont}(\mathfrak{F}) \to M(X)$ de $\mathfrak{F}$ tel que (3.10) :

Pour tout entier $n \geq 1$, pour toute partie finie Y de X et pour toute factorisation dichotomique à gauche $\mathcal{G}$ coïncidant avec $\mathfrak{F}$ à l'ordre (n, Y) et de parenthésage canonique à gauche (définition 3.6) $\Pi_{\mathcal{G}}$, on a :

$$\Pi \text{ et } \Pi_{\mathcal{G}} \text{ coïncident sur } \mathrm{Cont}(\mathfrak{F}) \cap \overline{Y^n}.$$

DÉFINITION 3.9 . Pour une factorisation régulière gauche $\mathfrak{F}$ de X^*, l'unique parenthésage Π défini par la condition (3.10) sera appelé le parenthésage canonique à gauche de $\mathfrak{F}$.

Si $\mathfrak{F}$ est une factorisation régulière gauche complète sur un alphabet fini, on retrouve alors la définition 1.2 du parenthésage associé à une factorisation de Lazard.

Nous sommes en mesure d'énoncer la généralisation du théorème 1.1 ainsi que celle du théorème classique de Poincaré-Birkhoff-Witt :

THÉORÈME 3.1 . Soient $\mathfrak{F} = (Y_j, j \in J)$ une factorisation régulière gauche et Π son parenthésage canonique. Alors l'application $\psi \circ \Pi : \mathrm{Cont}(\mathfrak{F}) \to L(X)$ est injective. Pour $f \in \mathrm{Cont}(\mathfrak{F})$, notons $\psi \circ \Pi(f) = [f]$.

La sous-algèbre de Lie libre $\mathcal{L}_j$ de $L(X)$ engendrée par $[Y_j]$ admet $[Y_j]$ comme famille basique. Le module sous-jacent à $L(X)$ est somme directe des modules sous-jacents aux $\mathcal{L}_j \sim L([Y_j])$.

THÉORÈME 3.2 . Soient $\mathfrak{F} = (Y_j, j \in J)$ une factorisation régulière gauche et Π son parenthésage canonique. Pour $f \in \mathrm{Cont}(\mathfrak{F})$, notons $\psi \circ \Pi(f) = [f]$.

La sous-algèbre associative de $\mathbb{K}\langle X\rangle$ engendrée par $[Y_j]$ est libre et admet $[Y_j]$ comme famille basique.

Tout élément $u \in \mathbb{K}\langle X\rangle$ s'écrit de manière unique comme somme de produits de la forme :

$$u_1 \dots u_p \quad \text{avec} \quad u_i \in [Y_{j_i}] \quad \text{et} \quad j_1 \geq \dots \geq j_p \;.$$

En somme, le module sous-jacent à $\mathbb{K}\langle X\rangle$ s'identifie au produit tensoriel des modules $\bigotimes_{j\in J} \mathbb{K}\langle [Y_j]\rangle$.

Ce deux théorèmes ne sont qu'une simple conséquence du théorème 2.2 c'est-à-dire lorsque $\mathfrak{F}$ est une bissection . On passe en effet facilement de là au cas des factorisations dichotomiques à gauche par "composition successives", puis au cas des factorisations régulières gauches en remarquant que les théorèmes 3.1 et 3.2 sont vrais dès qu'ils le sont pour toutes les familles de la forme

$\{[Y_j \cap F], j \in J\}$ avec F partie finie de Cont ($\mathfrak{F}$) .

C.Q.F.D.

3. Ensembles de Hall et caractérisations des factorisations régulières gauches.

Le but de ce paragraphe est de rendre plus maniable les notions de factorisation régulière gauche et du parenthésage associé, sans revenir aux définitions générales 3.2 à 3.9 introduites afin de prouver directement les théorèmes 3.1 et 3.2 à partir du chapitre II . Ce paragraphe généralise les résultats des paragraphes 3 et 4 du chapitre I . Nous renvoyons le lecteur à la thèse de l'auteur [Vi, 74] pour les démonstrations complètes.

Nous généralisons la définition 1.3 des ensembles de Hall par :

DÉFINITION 3.10 . Soit (H, J, σ) un triplet avec H partie du magma libre M(X) et σ une application de H dans un ensemble J totalement ordonné par $\leq$. Nour dirons que (H, J, σ) est un ensemble de Hall ssi on a les trois conditions suivantes :

(Ha_1) $X \subseteq H$

(Ha_2) $\forall h = (u, v) \in H \setminus X$, $h \in H$ ssi on a les trois conditions

- $u \in H$, $v \in H$
- $\sigma u < \sigma v$
- $v \in X$ ou $v = (v', v'')$ avec $\sigma v' \leq \sigma u$

(Ha_3) $\forall u \in H$, $\forall v \in H$, $(u, v) \in H \Rightarrow \sigma u \leq \sigma(u, v)$.

Lorsque H = J et σ est l'identité, on retrouve les ensembles de Hall de la définition 1.3 .

Nous généralisons le théorème 1.2, ou plus précisément la proposition 1.2 et le lemme 1.6 par :

PROPOSITION 3.2 . Soit (H, J, σ) un triplet vérifiant les conditions (Ha_1) et (Ha_2) de la définition 3.10 . Soit $\mathfrak{F}(H, J, \sigma)$ la famille de parties de X^+ définie par

$$\mathfrak{F}(H, J, \sigma) = (Y_j, \ j \in J) \ \text{avec} \ Y_j = \delta(\sigma^{-1}(j)) \ \text{pour} \ j \in J .$$

Alors $\mathfrak{F}(H, J, \sigma)$ est une factorisation de X^* ssi (H, J, σ) vérifie la condition (Ha_3).

Dans ce cas $\mathfrak{F}(H, J, \sigma)$ est une factorisation régulière gauche. La restriction à H de $\delta : M(X) \to X^+$ est bijective et l'application réciproque est le parenthésage canonique gauche de $\mathfrak{F}(H, J, \sigma)$ (définition 3.9) .

La preuve de la condition nécessaire est tout à fait analogue à celle du lemme 1.6 . Par contre la preuve de la condition suffisante, c'est-à-dire la généralisation de la proposition 1.2 est nettement plus délicate. Pour $n \geq 1$ et Y partie finie de X, on construit des bissections successives (grâce au théorème 2.1) telles que la factorisation composée coïncide avec $\mathfrak{F}(H, J, \sigma)$ à l'ordre (n, Y). La difficulté provient du fait que l'on ne sait pas à priori que la restriction à H de $\delta : M(X) \to X^+$ est bijective. On se repportera à la proposition 1 du chapitre III de [Vi, 74] .

On généralise sans difficulté la proposition 1.3 par la proposition suivante, qui prouve alors qu'il y a équivalence entre les notions de factorisations régulières gauches et d'ensembles de Hall.

PROPOSITION 3.3 . Soit $\mathfrak{F} = (Y_j, \ j \in J)$ une factorisation régulière gauche et Π son parenthésage. Soit $H = \Pi(\mathrm{Cont}(\mathfrak{F}))$ et $\sigma : H \to J$ définie par :

<u>pour</u> $h \in H$ <u>alors</u> $\sigma h = j$ <u>unique</u> $j \in J$ <u>tel que</u> $\delta h \in Y_j$. <u>Alors</u> (H, J, σ) <u>est un</u> ensemble de Hall.

REMARQUE 3.5 . On peut démontrer qu'une factorisation régulière gauche est caractérisée par son contenu. Ainsi si H est une partie de M(X) tel qu'il existe un ensemble de Hall (H, J, σ) , alors J et σ sont uniquement déterminés (à un isomorphisme près).

Nous pouvons caractériser simplement les factorisations régulières gauches en généralisant la proposition 1.8 par la proposition suivante.

Rappelons que pour un p-uple $\varphi = (f_1, \ldots, f_p)$, nous notons

$$\lambda(\varphi) = f_1 \quad \text{et} \quad \rho(\varphi) = f_p .$$

PROPOSITION 3.4 . <u>Soit</u> $\mathfrak{F} = (Y_j, j \in J)$ <u>une factorisation de</u> X^*. <u>Les huit conditions suivantes sont équivalentes</u> :

(i) $\mathfrak{F}$ <u>est régulière gauche (définition</u> 3.8) ;

(ii) <u>Il existe un ensemble de Hall</u> (H, J, σ) <u>tel que</u> $\mathfrak{F} = \mathfrak{F}(H, J, \sigma)$;

(iii) (resp. (iii')) <u>Pour toute décomposition en somme ordinale</u> $J = J' + J''$, <u>l'ensemble des mots</u> f <u>de</u> X^* <u>tel que</u> :

$$\mathfrak{F}(f) = (f_1, \ldots, f_p) \ , \ f_i \in Y_{j_i} \ \underline{\text{avec}} \ j_i \in J''$$

<u>est un sous-monoïde libre (resp. sous-monoïde) de</u> X^* ;

(iv) $\forall f \in X^+, \ \forall g \in X^* \quad |\lambda \circ \mathfrak{F}(f)| \leq |\lambda \circ \mathfrak{F}(f\,g)|$;

(iv') $\forall f \in \mathrm{Cont}(\mathfrak{F}), \ \forall g \in \mathrm{Cont}(\mathfrak{F}) , \quad |f| \leq |\lambda \circ \mathfrak{F}(f\,g)|$;

(v) $\forall f \in X^+, \ \forall g \in X^* , \ \overline{\lambda \circ \mathfrak{F}(f)} \leq \overline{\lambda \circ \mathfrak{F}(f\,g)}$;

(v') $\forall f \in \mathrm{Cont}(\mathfrak{F}) , \ \forall g \in \mathrm{Cont}(\mathfrak{F}) , \ f\,g \in \mathrm{Cont}(\mathfrak{F}) \Rightarrow \overline{f} \leq \overline{f\,g}$.

On montre aisément l'analogue du lemme 1.3, puis les implications suivantes :

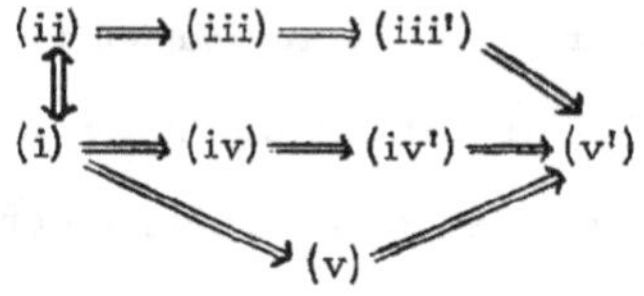

L'implication (v') $\Rightarrow$ (i) se démontre par récurrence. On suppose que pour $n \geq 1$ et Y partie finie de X, la factorisation $\mathfrak{F}$ coïncide à l'ordre (n, Y) avec une factorisation dichotomique à gauche $\mathfrak{G}$. Avec le théorème 2.1, on construit par récurrence une suite de bissections, "s'insérant" entre celles définissant $\mathfrak{G}$ et telle que la factorisation composée coïncide avec $\mathfrak{F}$ à l'ordre (n, Y).

EXEMPLE 3.9. Les factorisations de Spitzer de l'exemple 3.3 sont des factorisations régulières gauches. Par exemple, il est aisé de vérifier graphiquement la condition (v'). En fait ces factorisations vérifient les conditions duales de la proposition 3.4 et sont donc aussi régulières droites.

Afin de rendre plus commode l'application des théorèmes 3.1 et 3.2, on peut généraliser sans difficulté les propositions 1.9 et 1.10 et ainsi caractériser simplement le parenthésage canonique associé à une factorisation régulière gauche sans revenir aux définitions du paragraphe 2 ou aux ensembles de Hall associés.

PROPOSITION 3.5. Soit $\mathfrak{F}$ une factorisation régulière gauche et Π son parenthésage canonique. Pour $f \in \text{Cont}(\mathfrak{F}) \setminus X$, notons $f = g\,x$ avec $x \in X$ et $\mathfrak{F}(g) = (f_1, \ldots, f_p)$.

Alors $\Pi f = (\Pi f_1, (\Pi f_2, \ldots, (\Pi f_p, x) \ldots))$.

PROPOSITION 3.6 . Soit $\mathfrak{F}$ une factorisation régulière gauche et Π son parenthésage canonique. Pour $f \in \text{Cont}(\mathfrak{F}) \setminus X$, notons $f = \alpha(f)\,\beta(f)$ avec $\alpha(f)$ le plus long facteur gauche strict de f appartenant à $\text{Cont}(\mathfrak{F})$. Alors $\beta(f) \in \text{Cont}(\mathfrak{F})$ et $\Pi f = (\Pi_\circ \alpha(f), \Pi_\circ \beta(f))$.

EXEMPLE 3.10 . Le théorème 3.1, les propositions 3.4 et 3.6 permettent alors de retrouver les familles basiques du lemme 1.16 associées à la factorisation de Spitzer. Nous avons ainsi démontré la proposition 1.13 définissant les bases de Spitzer-Foata.

On pourrait évidemment définir les bases de Spitzer-Foata sur un alphabet quelconque X associées à une factorisation de Spitzer relative à un morphisme $\mu : X^* \to \mathbb{R}$.

Nous terminons ce paragraphe par une brève généralisation du paragraphe 5 du chapitre I.

DÉFINITION 3.11 . Une factorisation de X^* est dite régulière ssi elle est régulière gauche et régulière droite.

La proposition 3.4 et la proposition duale permettent d'énoncer :

PROPOSITION 3.7 . Soit $\mathfrak{F} = (Y_j, j \in J)$ une factorisation de X^*. Les conditions suivantes sont équivalentes :

(i) $\mathfrak{F}$ est régulière ;

(ii) Pour toute décomposition en somme ordinale $J = \sum_{k \in K}$ (avec $J_k \neq \emptyset$), il existe une factorisation $\mathcal{G} = (Z_k, k \in K)$ de X^* telle que, pour tout $k \in K$, le sous-monoïde Z_k^* est l'ensemble des mots f de X^* tels que

$$\mathfrak{F}(f) = (f_1, \ldots, f_p) \text{ avec } f_i \in Y_{j_i}, \text{ et } j_i \in K ;$$

(iii) $\forall f \in \mathrm{Cont}(\mathfrak{F})$, $\forall g \in \mathrm{Cont}(\mathfrak{F})$, $\overline{f} < \overline{g} \Rightarrow f\,g \in \mathrm{Cont}(\mathfrak{F})$;

(iv) $\forall f \in \mathrm{Cont}(\mathfrak{F})$, $\forall g \in \mathrm{Cont}(\mathfrak{F})$, $f\,g \in \mathrm{Cont}(\mathfrak{F}) \Rightarrow \overline{f} \leq \overline{f\,g} \leq \overline{g}$.

EXEMPLES 3.11 . Les factorisations régulières du paragraphe 5 , chapitre I , sont simplement les factorisations qui sont à la fois complètes et régulières au sens de la définition 3.11 .

Nous avons vu que les factorisations de Spitzer sont régulières.

Il en est de même de la factorisation selon les éléments saillants de l'exemple 3.4.

On peut caractériser le contenu F d'une factorisation régulière et généraliser la proposition 1.14 :

PROPOSITION 3.8 . <u>Soit</u> F <u>une partie de</u> X^+ <u>et</u> θ <u>une application surjective de</u> F <u>dans un ensemble totalement ordonné</u> J <u>vérifiant les deux conditions</u> :

(a) $F = X \cup \{f \in X^+$ <u>tels que</u> $f = u\,v$ <u>avec</u> $u \in F$, $v \in F$ <u>et</u> $\theta u < \theta v\}$

(b) $\forall u \in F,\ \forall v \in F,\ \theta u < \theta v \Rightarrow \theta u \leq \theta u v \leq \theta v$

<u>Alors</u> $\mathfrak{F} = (\theta^{-1}(j),\ j \in J)$ <u>est une factorisation régulière de</u> X^* .

La proposition 3.8 permet de donner une construction générale des factorisations régulières de X^* , généralisant celle relative aux factorisations complètes.

Remarquons enfin (voir [Vi, 74]) que toute factorisation régulière $\mathfrak{F}$ de X^* admet une factorisation composée régulière et complète.

REMARQUE 3.6. Nous terminons ce mémoire par quelques remarques recouvrant les chapitres II et III.

La deuxième partie du théorème 3.1 implique la deuxième partie du théorème 3.2 en toute généralité. En effet le théorème de Poincaré-Birkhoff-Witt peut s'écrire sous la forme plus générale suivante (communication personnelle de P. Cartier) :

Soit $\mathfrak{L}$ une algèbre de Lie et $\mathfrak{U}\mathfrak{L}$ son algèbre enveloppante. Soient $\mathfrak{L}_j$, $j \in J$, des sous-algèbres de Lie de $\mathfrak{L}$ telles que $\mathfrak{L}$ soit la somme directe (de modules) $\bigoplus_{j \in J} \mathfrak{L}_j$. Alors $\mathfrak{U}\mathfrak{L}$ est le produit tensoriel (de modules) $\bigotimes_{j \in J} \mathfrak{U}\mathfrak{L}_j$.

D'autre part, on peut généraliser la notion de bascule du chapitre II comme suit. Soit J un ensemble totalement ordonné et $(A_j , j \in J)$ une partition d'un ensemble A en parties non vides. Pour tout j et k éléments de J avec $j < k$, on se donne une application $A_j \times A_k \to A$ notée encore comme le produit de bascule $\langle b, a \rangle$. La proposition 2.7 se généralise et on peut construire une algèbre associative ayant pour module sous-jacent le produit tensoriel (de modules) $\bigotimes_{j \in J} \mathbb{K}\langle A_j \rangle$ et telle que :

$\forall j, k \in J$, $j < k$, $\forall a_j \in A_j$, $\forall a_k \in A_k$, on a

$$a_j \cdot a_k = a_k \otimes a_j + \langle a_j, a_k \rangle .$$

La proposition 2.8 se généralise aussi.

Toutefois il n'y a pas d'analogue de la proposition 2.9 et du théorème fondamental 2.2 . Les seules factorisations qui correspondraient à ce modèle seraient les factorisations régulières du dernier paragraphe du chapitre III. Mais même pour celles-ci, il est nécessaire de revenir à la décomposition en bissections successives, pour aboutir aux théorèmes 3.1 et 3.2 .

Remarquons enfin que les relations (2.16) et (2.17) de la proposition 2.7 conduisent à un algorithme permettant d'écrire tout mot de X^* selon son unique factorisation relativement à $\mathbb{K}\langle[A]\rangle \otimes \mathbb{K}\langle[B]\rangle$ (avec (A, B) bissection de X^*). Une application répétée de cet algorithme selon les différentes bissections composant une factorisation de Lazard $\mathfrak{F} = (Y_j, j \in J)$, permet de donner l'unique écriture de tout mot $u \in X^*$ selon la forme du théorème 3.2. Les coefficients des monômes $u_1 \ldots u_p$, $u_i \in [Y_{j_i}]$, $j_1 \geq \ldots \geq j_p$, sont des entiers positifs (puisqu'ils le sont pour chaque bissection d'après (2.17)).

BIBLIOGRAPHIE

[Bo, 72] N. BOURBAKI, Groupes et algèbres de Lie, chapitre 2, algèbres de Lie libres, Hermann (1972).

[CF, 69] P. CARTIER et D. FOATA, Problèmes combinatoires de commutation et réarrangements, Lecture Notes in Math., n°85, Springer Verlag (1969).

[CFL, 58] K. T. CHEN, R.H. FOX et R.C. LYNDON, Free differential calculus, IV, The quotient groups of the lower central series, Ann. of Math., 68, 1 (1958), 81-95.

[Co, 71] P.M. COHN, Free rings and their relations, Academic Press, (1971).

[Fo, 65] D. FOATA, Etude algébrique de certains problèmes d'analyse combinatoire et du calcul des probabilités, Publ. Inst. Statist. Univ. Paris, 14 (1965), 81-241.

[Fo, 75] D. FOATA, Studies in enumeration, Institute of Statistics Mimeo Series n°974, Chapel Hill, North Carolina (1975).

[FS, 71] D. FOATA et M.P. SCHÜTZENBERGER, On the principle of equivalence of Sparre Andersen, Math. Scand., 28 (1971), 308-316.

[Go, 69] Y.M. GORCHAKOV, Commutator Subgroups, Sibirski Matematicheski Zhurnnal, 10, 5 (1969), 1023-1033.

[HaM, 50] M. HALL, A basis for free Lie rings and higher commutators in free groups, Proc. Amer. Math. Soc., 1 (1950), 575-581.

[HaM, 59] M. HALL, Theory of groups, The MacMillan Company, (1959).

[HaP, 33] P. HALL, A contribution to the theory of groups of prime power order, Proc. London Math. Soc., 2, 36 (1933), 29-95.

[Hau, 06] F. HAUSDORFF, Die symbolische Exponentialformel in der Gruppentheorie, Leipziger Ber., 58 (1906), 19-48.

[Ja, 62] N. JACOBSON, Lie Algebras, Interscience Publishers, John Wiley (1962).

[La, 54] M. LAZARD, Sur les groupes nilpotents et les anneaux de Lie, Annales Sci. ENS, 3, 71 (1954), 101-190.

[La, 60] M. LAZARD, Groupes, anneaux de Lie et problème de Burnside, Inst. Mat. dell. Universita Roma (1960).

[Ly, 54] R.C. LYNDON, On Burnside's problem, I, Trans. Amer. Math. Soc., 77 (1954), 202-215.

[Ma, 35] W. MAGNUS, Beziehungen zwischen Gruppen und Idealen in einem speziellen Ring, Math. Ann., 111 (1935), 259-280.

[Ma, 37] W. MAGNUS, Über Beziehungen zwischen höheren Kommutatoren, J. Grelle, 177 (1937), 105-115.

[Ma, 55] W. MAGNUS, On the exponential solution of differential equations for a linear operator, Comm. pure and appl. math., 7 (1955), 649-673.

[Mi, 74] J. MICHEL, Thèse de 3e cycle, Publication mathématique de l'Université d'Orsay, n°55 (1974).

[Mi, 74'] J. MICHEL, Bases des algèbres de Lie et série de Hausdorff, séminaire Dubreil (algèbre) 27e année, n°6, 9 p., I.H.P., Paris (1974).

[Mi, 76] J. MICHEL, Calculs dans les algèbres de Lie libres : la série de Hausdorff et le problème de Burnside, in Astérisque 38-39, Journées algorithmiques de l'ENS Ulm, (1976), 139-148.

[MKS, 66] W. MAGNUS, A. KARRASS et D. SOLITAR, Combinatorial Group Theory, John Wiley, (1966).

[MW, 52] H. MEIER-WUNDERLI, Note on a basis of P. Hall for the higher commutators in free groups, Comm. Math. Helv. 26 (1952), 1-5.

[Sc, 58] M.P. SCHÜTZENBERGER, Sur une propriété combinatoire des algèbres de Lie libres pouvant être utilisée dans un problème de Mathématiques appliquées, Séminaire Dubreil-Pisot, année 1958-1959, I.H.P., Paris (1958).

[Sc, 65] M. P. SCHÜTZENBERGER, On a factorisation of free monoïds, Proc. A.M.S., 16, 1 (1965), 21-24.

[Sc, 71] M.P. SCHÜTZENBERGER, Sur les bases de Hall, Notes manuscrites, (1971).

[Sh, 68] R.A. SCHOLTZ, Maximal and Variable Word-Length comma-free codes, IEEE Trans. on Inf. Th., (1969) 300-306.

[Si, 58] A.I. ŠIRŠOV, Subalgebras of free Lie algebras, Mat. Sbarnik N.S., 33, 75 (1953), 441-452.

[Si, 62] A.I. ŠIRŠOV, On bases for a free Lie algebra, Algebra i Logika Sém., 1, (1962), 14-19.

[Sp, 56] F. SPITZER, A combinatorial lemma and its applications to probability theory, Trans. Amer. Math. Soc., 82 (1956), 323-339.

[Vi, 72] G. VIENNOT, Factorisations des monoïdes libres, bascules et algèbres de Lie libres, colloque sur les anneaux et les demi-groupes, Séminaire Dubreil, 25e année, n°55, 8 p., I.H.P., Paris (1972).

[Vi, 73] G. VIENNOT, Factorisationsdichotomiques des monoïdes libres et algèbres de Lie libres, C.R. Acad. Sci. Paris, 276 A (1973)

511-514 ; Une généralisation des ensembles de Hall, C.R. Acad. Sci. Paris, 276 A (1973) 599-602, Factorisations régulières des monoïdes libres et algèbres de Lie libres, C.R. Acad. Sci., Paris, 277 A (1973), 493-496.

[Vi, 74] G. VIENNOT, Algèbres de Lie libres et monoïdes libres, Thèse dc Doctorat, Univ. Paris VII, (1974).

[Vi, 74'] G. VIENNOT, Une théorie algébrique des bases et familles basiques des algèbres de Lie libres, séminaire Dubreil (algèbre), 27e année, n°5, 17 p., (1974).

[Vi, 74''] G. VIENNOT, Factorisations des monoïdes libres et bases des algèbres de Lie libres, Journées Montpellier, Cahiers Mathématiques de l'Université de Montpellier, n°3, 157-180.

[Vi, 75] G. VIENNOT, Quelques bases et familles basiques des algèbres de Lie libres commodes pour les calculs sur ordinateurs, Journées Limoges "Utilisation des calculateurs en Mathématiques pures",(1975), Bull. Soc. Math. France, Mémoire 49-50 (1977), 201-209.

[Wa, 69] M.A. WARD, Basic commutators, Philos. Trans. Roy. Soc. London, A 264, (1969), 343-412.

[Wi, 37] E. WITT, Treue Darstellung Lieschen Ringe, J. Grelle, 177, (1937), 152-160.

INDEX TERMINOLOGIQUE

INDEX DES NOTATIONS

Notations générales

$[n] = \{1,2,\dots,n\}$

$|E|$ cardinal de l'ensemble E

$E \setminus P = \{u \in E,\ u \notin P\}$

$\overline{P}_n$ pour P_i, $i \in \mathbb{N}$, suite de parties de E, $\overline{P}_n = \bigcup_{i \in [n]} P_i$

$\ell_q(n) = 1/n \sum_{d|n} \mu(d)\, q^{n/d}$

μ fonction de Moebius sur $\mathbb{N}$

$\mathbb{N}$, $\mathbb{Z}$, $\mathbb{Q}$, $\mathbb{R}$, $\mathbb{C}$ resp. anneau des entiers positifs, anneau des entiers, corps des rationnels, des réels, des complexes.

Structures libres.

Conditions sur les factorisations

Vol. 521: G. Cherlin, Model Theoretic Algebra – Selected Topics. IV, 234 pages. 1976.

Vol. 522: C. O. Bloom and N. D. Kazarinoff, Short Wave Radiation Problems in Inhomogeneous Media: Asymptotic Solutions. V. 104 pages. 1976.

Vol. 523: S. A. Albeverio and R. J. Høegh-Krohn, Mathematical Theory of Feynman Path Integrals. IV, 139 pages. 1976.

Vol. 524: Séminaire Pierre Lelong (Analyse) Année 1974/75. Edité par P. Lelong. V, 222 pages. 1976.

Vol. 525: Structural Stability, the Theory of Catastrophes, and Applications in the Sciences. Proceedings 1975. Edited by P. Hilton. VI, 408 pages. 1976.

Vol. 526: Probability in Banach Spaces. Proceedings 1975. Edited by A. Beck. VI, 290 pages. 1976.

Vol. 527: M. Denker, Ch. Grillenberger, and K. Sigmund, Ergodic Theory on Compact Spaces. IV, 360 pages. 1976.

Vol. 528: J. E. Humphreys, Ordinary and Modular Representations of Chevalley Groups. III, 127 pages. 1976.

Vol. 529: J. Grandell, Doubly Stochastic Poisson Processes. X, 234 pages. 1976.

Vol. 530: S. S. Gelbart, Weil's Representation and the Spectrum of the Metaplectic Group. VII, 140 pages. 1976.

Vol. 531: Y.-C. Wong, The Topology of Uniform Convergence on Order-Bounded Sets. VI, 163 pages. 1976.

Vol. 532: Théorie Ergodique. Proceedings 1973/1974. Edité par J.-P. Conze and M. S. Keane. VIII, 227 pages. 1976.

Vol. 533: F. R. Cohen, T. J. Lada, and J. P. May, The Homology of Iterated Loop Spaces. IX, 490 pages. 1976.

Vol. 534: C. Preston, Random Fields. V, 200 pages. 1976.

Vol. 535: Singularités d'Applications Differentiables. Plans-sur-Bex. 1975. Edité par O. Burlet et F. Ronga. V, 253 pages. 1976.

Vol. 536: W. M. Schmidt, Equations over Finite Fields. An Elementary Approach. IX, 267 pages. 1976.

Vol. 537: Set Theory and Hierarchy Theory. Bierutowice, Poland 1975. A Memorial Tribute to Andrzej Mostowski. Edited by W. Marek, M. Srebrny and A. Zarach. XIII, 345 pages. 1976.

Vol. 538: G. Fischer, Complex Analytic Geometry. VII, 201 pages. 1976.

Vol. 539: A. Badrikian, J. F. C. Kingman et J. Kuelbs, Ecole d'Eté de Probabilités de Saint Flour V-1975. Edité par P.-L. Hennequin. IX, 314 pages. 1976.

Vol. 540: Categorical Topology, Proceedings 1975. Edited by E. Binz and H. Herrlich. XV, 719 pages. 1976.

Vol. 541: Measure Theory, Oberwolfach 1975. Proceedings. Edited by A. Bellow and D. Kölzow. XIV, 430 pages. 1976.

Vol. 542: D. A. Edwards and H. M. Hastings, Čech and Steenrod Homotopy Theories with Applications to Geometric Topology. VII, 296 pages. 1976.

Vol. 543: Nonlinear Operators and the Calculus of Variations, Bruxelles 1975. Edited by J. P. Gossez, E. J. Lami Dozo, J. Mawhin, and L. Waelbroeck, VII, 237 pages. 1976.

Vol. 544: Robert P. Langlands, On the Functional Equations Satisfied by Eisenstein Series. VII, 337 pages. 1976.

Vol. 545: Noncommutative Ring Theory. Kent State 1975. Edited by J. H. Cozzens and F. L. Sandomierski. V, 212 pages. 1976.

Vol. 546: K. Mahler, Lectures on Transcendental Numbers. Edited and Completed by B. Diviš and W. J. Le Veque. XXI, 254 pages. 1976.

Vol. 547: A. Mukherjea and N. A. Tserpes, Measures on Topological Semigroups: Convolution Products and Random Walks. V, 197 pages. 1976.

Vol. 548: D. A. Hejhal, The Selberg Trace Formula for PSL (2,ℝ). Volume I. VI, 516 pages. 1976.

Vol. 549: Brauer Groups, Evanston 1975. Proceedings. Edited by D. Zelinsky. V, 187 pages. 1976.

Vol. 550: Proceedings of the Third Japan – USSR Symposium on Probability Theory. Edited by G. Maruyama and J. V. Prokhorov. VI, 722 pages. 1976.

Vol. 551: Algebraic K-Theory, Evanston 1976. Proceedings. Edited by M. R. Stein. XI, 409 pages. 1976.

Vol. 552: C. G. Gibson, K. Wirthmüller, A. A. du Plessis and E. J. N. Looijenga. Topological Stability of Smooth Mappings. V, 155 pages. 1976.

Vol. 553: M. Petrich, Categories of Algebraic Systems. Vector and Projective Spaces, Semigroups, Rings and Lattices. VIII, 217 pages. 1976.

Vol. 554: J. D. H. Smith, Mal'cev Varieties. VIII, 158 pages. 1976.

Vol. 555: M. Ishida, The Genus Fields of Algebraic Number Fields. VII, 116 pages. 1976.

Vol. 556: Approximation Theory. Bonn 1976. Proceedings. Edited by R. Schaback and K. Scherer. VII, 466 pages. 1976.

Vol. 557: W. Iberkleid and T. Petrie, Smooth S^1 Manifolds. III, 163 pages. 1976.

Vol. 558: B. Weisfeiler, On Construction and Identification of Graphs. XIV, 237 pages. 1976.

Vol. 559: J.-P. Caubet, Le Mouvement Brownien Relativiste. IX, 212 pages. 1976.

Vol. 560: Combinatorial Mathematics, IV, Proceedings 1975. Edited by L. R. A. Casse and W. D. Wallis. VII, 249 pages. 1976.

Vol. 561: Function Theoretic Methods for Partial Differential Equations. Darmstadt 1976. Proceedings. Edited by V. E. Meister, N. Weck and W. L. Wendland. XVIII, 520 pages. 1976.

Vol. 562: R. W. Goodman, Nilpotent Lie Groups: Structure and Applications to Analysis. X, 210 pages. 1976.

Vol. 563: Séminaire de Théorie du Potentiel. Paris, No. 2. Proceedings 1975–1976. Edited by F. Hirsch and G. Mokobodzki. VI, 292 pages. 1976.

Vol. 564: Ordinary and Partial Differential Equations, Dundee 1976. Proceedings. Edited by W. N. Everitt and B. D. Sleeman. XVIII, 551 pages. 1976.

Vol. 565: Turbulence and Navier Stokes Equations. Proceedings 1975. Edited by R. Temam. IX, 194 pages. 1976.

Vol. 566: Empirical Distributions and Processes. Oberwolfach 1976. Proceedings. Edited by P. Gaenssler and P. Révész. VII, 146 pages. 1976.

Vol. 567: Séminaire Bourbaki vol. 1975/76. Exposés 471–488. IV, 303 pages. 1977.

Vol. 568: R. E. Gaines and J. L. Mawhin, Coincidence Degree, and Nonlinear Differential Equations. V, 262 pages. 1977.

Vol. 569: Cohomologie Etale SGA 4½. Séminaire de Géométrie Algébrique du Bois-Marie. Edité par P. Deligne. V, 312 pages. 1977.

Vol. 570: Differential Geometrical Methods in Mathematical Physics, Bonn 1975. Proceedings. Edited by K. Bleuler and A. Reetz. VIII, 576 pages. 1977.

Vol. 571: Constructive Theory of Functions of Several Variables, Oberwolfach 1976. Proceedings. Edited by W. Schempp and K. Zeller. VI. 290 pages. 1977

Vol. 572: Sparse Matrix Techniques, Copenhagen 1976. Edited by V. A. Barker. V, 184 pages. 1977.

Vol. 573: Group Theory, Canberra 1975. Proceedings. Edited by R. A. Bryce, J. Cossey and M. F. Newman. VII, 146 pages. 1977.

Vol. 574: J. Moldestad, Computations in Higher Types. IV, 203 pages. 1977.

Vol. 575: K-Theory and Operator Algebras, Athens, Georgia 1975. Edited by B. B. Morrel and I. M. Singer. VI, 191 pages. 1977.

Vol. 576: V. S. Varadarajan, Harmonic Analysis on Real Reductive Groups. VI, 521 pages. 1977.

Vol. 577: J. P. May, E_∞ Ring Spaces and E_∞ Ring Spectra. IV, 268 pages. 1977.

Vol. 578: Séminaire Pierre Lelong (Analyse) Année 1975/76. Edité par P. Lelong. VI, 327 pages. 1977.

Vol. 579: Combinatoire et Représentation du Groupe Symétrique, Strasbourg 1976. Proceedings 1976. Edité par D. Foata. IV, 339 pages. 1977.

Vol. 580: C. Castaing and M. Valadier, Convex Analysis and Measurable Multifunctions. VIII, 278 pages. 1977.

Vol. 581: Séminaire de Probabilités XI, Université de Strasbourg. Proceedings 1975/1976. Edité par C. Dellacherie, P. A. Meyer et M. Weil. VI, 574 pages. 1977.

Vol. 582: J. M. G. Fell, Induced Representations and Banach *-Algebraic Bundles. IV, 349 pages. 1977.

Vol. 583: W. Hirsch, C. C. Pugh and M. Shub, Invariant Manifolds. IV, 149 pages. 1977.

Vol. 584: C. Brezinski, Accélération de la Convergence en Analyse Numérique. IV, 313 pages. 1977.

Vol. 585: T. A. Springer, Invariant Theory. VI, 112 pages. 1977.

Vol. 586: Séminaire d'Algèbre Paul Dubreil, Paris 1975–1976 (29ème Année). Edited by M. P. Malliavin. VI, 188 pages. 1977.

Vol. 587: Non-Commutative Harmonic Analysis. Proceedings 1976. Edited by J. Carmona and M. Vergne. IV, 240 pages. 1977.

Vol. 588: P. Molino, Théorie des G-Structures: Le Problème d'Equivalence. VI, 163 pages. 1977.

Vol. 589: Cohomologie l-adique et Fonctions L. Séminaire de Géométrie Algébrique du Bois-Marie 1965–66, SGA 5. Edité par L. Illusie. XII, 484 pages. 1977.

Vol. 590: H. Matsumoto, Analyse Harmonique dans les Systèmes de Tits Bornologiques de Type Affine. IV, 219 pages. 1977.

Vol. 591: G. A. Anderson, Surgery with Coefficients. VIII, 157 pages. 1977.

Vol. 592: D. Voigt, Induzierte Darstellungen in der Theorie der endlichen, algebraischen Gruppen. V, 413 Seiten. 1977.

Vol. 593: K. Barbey and H. König, Abstract Analytic Function Theory and Hardy Algebras. VIII, 260 pages. 1977.

Vol. 594: Singular Perturbations and Boundary Layer Theory, Lyon 1976. Edited by C. M. Brauner, B. Gay, and J. Mathieu. VIII, 539 pages. 1977.

Vol. 595: W. Hazod, Stetige Faltungshalbgruppen von Wahrscheinlichkeitsmaßen und erzeugende Distributionen. XIII, 157 Seiten. 1977.

Vol. 596: K. Deimling, Ordinary Differential Equations in Banach Spaces. VI, 137 pages. 1977.

Vol. 597: Geometry and Topology, Rio de Janeiro, July 1976. Proceedings. Edited by J. Palis and M. do Carmo. VI, 866 pages. 1977.

Vol. 598: J. Hoffmann-Jørgensen, T. M. Liggett et J. Neveu, Ecole d'Eté de Probabilités de Saint-Flour VI – 1976. Edité par P.-L. Hennequin. XII, 447 pages. 1977.

Vol. 599: Complex Analysis, Kentucky 1976. Proceedings. Edited by J. D. Buckholtz and T. J. Suffridge. X, 159 pages. 1977.

Vol. 600: W. Stoll, Value Distribution on Parabolic Spaces. VIII, 216 pages. 1977.

Vol. 601: Modular Functions of one Variable V, Bonn 1976. Proceedings. Edited by J.-P. Serre and D. B. Zagier. VI, 294 pages. 1977.

Vol. 602: J. P. Brezin, Harmonic Analysis on Compact Solvmanifolds. VIII, 179 pages. 1977.

Vol. 603: B. Moishezon, Complex Surfaces and Connected Sums of Complex Projective Planes. IV, 234 pages. 1977.

Vol. 604: Banach Spaces of Analytic Functions, Kent, Ohio 1976. Proceedings. Edited by J. Baker, C. Cleaver and Joseph Diestel. VI, 141 pages. 1977.

Vol. 605: Sario et al., Classification Theory of Riemannian Manifolds. XX, 498 pages. 1977.

Vol. 606: Mathematical Aspects of Finite Element Methods. Proceedings 1975. Edited by I. Galligani and E. Magenes. VI, 362 pages. 1977.

Vol. 607: M. Métivier, Reelle und Vektorwertige Quasimartingale und die Theorie der Stochastischen Integration. X, 310 Seiten. 1977.

Vol. 608: Bigard et al., Groupes et Anneaux Réticulés. XIV, 334 pages. 1977.

Vol. 609: General Topology and Its Relations to Modern Analysis and Algebra IV. Proceedings 1976. Edited by J. Novák. XVIII, 225 pages. 1977.

Vol. 610: G. Jensen, Higher Order Contact of Submanifolds of Homogeneous Spaces. XII, 154 pages. 1977.

Vol. 611: M. Makkai and G. E. Reyes, First Order Categorical Logic. VIII, 301 pages. 1977.

Vol. 612: E. M. Kleinberg, Infinitary Combinatorics and the Axiom of Determinateness. VIII, 150 pages. 1977.

Vol. 613: E. Behrends et al., L^p-Structure in Real Banach Spaces. X, 108 pages. 1977.

Vol. 614: H. Yanagihara, Theory of Hopf Algebras Attached to Group Schemes. VIII, 308 pages. 1977.

Vol. 615: Turbulence Seminar, Proceedings 1976/77. Edited by P. Bernard and T. Ratiu. VI, 155 pages. 1977.

Vol. 616: Abelian Group Theory, 2nd New Mexico State University Conference, 1976. Proceedings. Edited by D. Arnold, R. Hunter and E. Walker. X, 423 pages. 1977.

Vol. 617: K. J. Devlin, The Axiom of Constructibility: A Guide for the Mathematician. VIII, 96 pages. 1977.

Vol. 618: I. I. Hirschman, Jr. and D. E. Hughes, Extreme Eigen Values of Toeplitz Operators. VI, 145 pages. 1977.

Vol. 619: Set Theory and Hierarchy Theory V, Bierutowice 1976. Edited by A. Lachlan, M. Srebrny, and A. Zarach. VIII, 358 pages. 1977.

Vol. 620: H. Popp, Moduli Theory and Classification Theory of Algebraic Varieties. VIII, 189 pages. 1977.

Vol. 621: Kauffman et al., The Deficiency Index Problem. VI, 112 pages. 1977.

Vol. 622: Combinatorial Mathematics V, Melbourne 1976. Proceedings. Edited by C. Little. VIII, 213 pages. 1977.

Vol. 623: I. Erdelyi and R. Lange, Spectral Decompositions on Banach Spaces. VIII, 122 pages. 1977.

Vol. 624: Y. Guivarc'h et al., Marches Aléatoires sur les Groupes de Lie. VIII, 292 pages. 1977.

Vol. 625: J. P. Alexander et al., Odd Order Group Actions and Witt Classification of Innerproducts. IV, 202 pages. 1977.

Vol. 626: Number Theory Day, New York 1976. Proceedings. Edited by M. B. Nathanson. VI, 241 pages. 1977.

Vol. 627: Modular Functions of One Variable VI, Bonn 1976. Proceedings. Edited by J.-P. Serre and D. B. Zagier. VI, 339 pages. 1977.

Vol. 628: H. J. Baues, Obstruction Theory on the Homotopy Classification of Maps. XII, 387 pages. 1977.

Vol. 629: W.A. Coppel, Dichotomies in Stability Theory. VI, 98 pages. 1978.

Vol. 630: Numerical Analysis, Proceedings, Biennial Conference, Dundee 1977. Edited by G. A. Watson. XII, 199 pages. 1978.

Vol. 631: Numerical Treatment of Differential Equations. Proceedings 1976. Edited by R. Bulirsch, R. D. Grigorieff, and J. Schröder. X, 219 pages. 1978.

Vol. 632: J.-F. Boutot, Schéma de Picard Local. X, 165 pages. 1978.

Vol. 633: N. R. Coleff and M. E. Herrera, Les Courants Résiduels Associés à une Forme Méromorphe. X, 211 pages. 1978.

Vol. 634: H. Kurke et al., Die Approximationseigenschaft lokaler Ringe. IV, 204 Seiten. 1978.

Vol. 635: T. Y. Lam, Serre's Conjecture. XVI, 227 pages. 1978.

Vol. 636: Journées de Statistique des Processus Stochastiques, Grenoble 1977, Proceedings. Edité par Didier Dacunha-Castelle et Bernard Van Cutsem. VII, 202 pages. 1978.

Vol. 637: W. B. Jurkat, Meromorphe Differentialgleichungen. VII, 194 Seiten. 1978.

Vol. 638: P. Shanahan, The Atiyah-Singer Index Theorem, An Introduction. V, 224 pages. 1978.

Vol. 639: N. Adasch et al., Topological Vector Spaces. V, 125 pages. 1978.